高职高专电子信息类"十三五"规划教材

EDA 技术及应用项目化教程

主　编　田延娟
副主编　辛显荣　曹顺霞

西安电子科技大学出版社

内 容 简 介

本书根据理实一体化教学的需要，采用项目教学法编排内容，对 EDA 技术和相关知识作了系统和完整的介绍。全书分为三部分，介绍了 Multisim 13、Protel DXP 2004 和 Quartus Ⅱ三种主流软件，具体的教学内容分为 8 个实践性强的项目：Multisim 13 软件概述、Multisim 13 在模拟电路中的应用、Multisim 13 在数字电路中的应用、三极管流水灯的绘制、单片机最小系统 PCB 电路的设计、元件库的创建和管理、一位全加器的设计、可控计数器的设计等。本书注重在项目学习中培养学生严谨细致的工作作风，提高学生操作软件的能力、综合应用技能的能力以及 PCB 设计岗位适应能力。

本书实用性强，可作为高职高专电子信息类、电气类、自动化类等相关专业的教材，对从事相应工作的工程技术人员也具有参考价值。

图书在版编目(CIP)数据

EDA 技术及应用项目化教程/田延娟主编. — 西安：西安电子科技大学出版社，2018.3
ISBN 978-7-5606-4840-8

Ⅰ. ① E… Ⅱ. ① 田… Ⅲ. ① 电子电路—电路设计—计算机辅助设计—高等学校—教材 Ⅳ. ① TN702

中国版本图书馆 CIP 数据核字(2018)第 019029 号

策划编辑　刘小莉
责任编辑　王　静
出版发行　西安电子科技大学出版社(西安市太白南路 2 号)
电　　话　(029)88242885　88201467　　　邮　编　710071
网　　址　www.xduph.com　　　　　　电子邮箱　xdupfxb001@163.con
经　　销　新华书店
印刷单位　陕西利达印务有限责任公司
版　　次　2018 年 2 月第 1 版　　2018 年 2 月第 1 次印刷
开　　本　787 毫米×1092 毫米　　1/16　　印　张　14.5
字　　数　341 千字
印　　数　1～3000 册
定　　价　30.00 元

ISBN 978-7-5606-4840-8 / TN
XDUP 5142001-1
***** 如有印装问题可调换 *****

前　言　Preface

　　EDA (Electronic Design Automation，电子设计自动化)是以计算机为工具，根据硬件描述语言(Hardware Description Language，HDL)等方式完成的设计文件，它可自动地完成逻辑编译、化简、分割、综合及优化、布局布线、仿真以及对于特定目标芯片的适配编译和编程下载等工作。

　　面对当今飞速发展的电子产品市场，设计师需要更加实用、快捷的 EDA 工具，使用统一的集成化设计环境，改变传统设计思路，将精力集中到设计构思、方案比较和寻找优化设计等方面，需要以最快的速度，开发出性能优良、质量一流的电子产品，从而对 EDA 技术提出了更高的要求。

　　本书采用项目教学法编排内容，介绍了 Multisim 13、Protel DXP 2004 和 Quartus Ⅱ 三种主流软件，分为 Multisim 13 软件概述、Multisim 13 在模拟电路中的应用、Multisim 13 在数字电路中的应用、三极管流水灯的绘制、单片机最小系统 PCB 电路的设计、元件库的创建和管理、一位全加器的设计、可控计数器的设计等 8 个实践性强的项目。本书注重在项目学习中培养学生严谨细致的工作作风，提高学生的实际软件操作能力、技能综合应用能力和 PCB 设计岗位适应能力。

　　本书的主要特点如下：

　　(1) 遵循认知规律，突出项目的层次性。项目选择由易到难、由简单到复杂，将技能训练和专业知识融入生动实用的项目中，体现工作过程导向，让学生在完成项目的过程中掌握知识，达到培养学生专业知识和职业技术能力的目的。

　　(2) 以国家职业标准为依据，强化学生职业能力的培养。

　　(3) 内容翔实、步骤详尽、语言精练、通俗易懂，既可作为高等职业院校电子信息类专业的教材，又可供电路设计人员和电子制作爱好者参考。

　　本书由山东电子职业技术学院田延娟担任主编，辛显荣、曹顺霞担任副主编。其中曹顺霞编写了第一部分，田延娟编写了绪论和第二部分，辛显荣编写了第三部分。全书由田延娟统稿。在编写过程中，编者参阅了国内外多位专家、学者编写的教材和资料，引用了一些优秀的电子资源，在此向他们表示诚挚的谢意。

　　由于编者水平有限，书中难免有疏漏之处，恳请读者批评指正。

编　者
2017 年 11 月

目录

绪论 1
一、EDA 历史与发展及常用工具 1
  (一) EDA 历史与发展 1
  (二) 电子电路设计与仿真工具 1
  (三) PCB 设计软件 2
  (四) IC 设计软件 3
  (五) 其他 EDA 软件 4
  (六) EDA 的应用 4
二、电子设计的工作岗位 4
  (一) 产品研发部的职能 4
  (二) 岗位设置 5

第一部分　Multisim 13 设计仿真

项目一　Multisim 13 软件概述 8
  任务一　Multisim 13 的用户界面及设置 8
    一、任务要求 8
    二、知识链接 9
      (一) Multisim 发展历程 9
      (二) Multisim 13 的特点 10
    三、任务实施 11
      (一) Multisim 13 的用户界面 11
      (二) Multisim 13 仿真分析 16
  任务二　简单原理图的绘制与仿真 17
    一、任务要求 17
    二、任务实施 18
      (一) 文件的创建 18
      (二) 通用环境的设置 18
      (三) 元器件的放置 19
      (四) 电路的连接 22
      (五) 仪器仪表的选用与连接 23
      (六) 电路仿真分析 23
      (七) 保存文件 24
  习题 24

项目二　Multisim 13 在模拟电路中的应用 25
  任务一　直流稳压电源的设计仿真 25
    一、任务要求 25
    二、知识链接 26
    三、任务实施 26
      (一) 绘制原理图 26
      (二) 电路仿真 30
  任务二　单管放大电路的仿真 32
    一、任务要求 33
    二、知识链接 33
    三、任务实施 33
      (一) 绘制原理图 33
      (二) 仿真 35
    四、拓展与提高 40
  习题 42

项目三　Multisim 13 在数字电路中的应用 43
  任务一　二十四进制与六十进制计数器的
          设计与仿真 43

一、任务要求 43
　　二、知识链接 44
　　　（一）元件库及芯片介绍 44
　　　（二）二十四进制计数器的设计及原理 45
　　　（三）六十进制计数器的设计及原理 45
　　三、任务实施 46
　　　（一）二十四进制计数器 46
　　　（二）六十进制计数器 49
　任务二　数字钟的设计与仿真 49
　　一、任务要求 49

　　二、知识链接 50
　　　（一）数字钟电路总体构架 50
　　　（二）总体设计思路 50
　　　（三）数字钟的工作原理 50
　　三、任务实施 52
　　　（一）搭建电路 52
　　　（二）电路仿真 54
　　四、拓展与提高 55
　习题 55

第二部分　Protel DXP 电路图的制作

项目四　三极管流水灯的绘制 58
　一、项目要求 59
　二、知识链接 59
　　（一）Protel DXP 简介 59
　　（二）Protel DXP 的主窗口 60
　　（三）电路原理图的绘制流程 64
　三、项目实施 65
　　（一）新建工程文件和原理图文件 65
　　（二）原理图环境及参数的设置 70
　　（三）放置元件 74
　　（四）连接线路 84
　　（五）原理图的电气规则检查 87
　　（六）原理图的打印 92
　四、技能实训 93
　习题 95

项目五　单片机最小系统 PCB 电路的设计 97
　任务一　绘制单片机最小系统原理图 98
　　一、任务要求 98
　　二、任务实施 98
　　　（一）创建 PCB 项目工程文件 98
　　　（二）绘制原理图 98
　任务二　单片机最小系统 PCB 电路的设计 108
　　一、任务要求 108
　　二、知识链接 108

　　　（一）PCB 的概念 108
　　　（二）PCB 的设计流程 112
　　三、任务实施 113
　　　（一）新建 PCB 文件和设计环境的编辑 113
　　　（二）元件的搜索 117
　　　（三）规划电路板 120
　　　（四）更新 PCB 121
　　　（五）元件布局 122
　　　（六）自动布线和手动布线 124
　　　（七）验证和错误检查 128
　　　（八）敷铜 130
　　四、知识拓展 132
　　　（一）PCB 布线工艺设计的一般原则和
　　　　　　抗干扰措施 132
　　　（二）制板的工艺流程和基本概念 134
　　五、技能实训 135
　习题 141

项目六　元件库的创建和管理 143
　任务一　创建原理图库 144
　　一、任务要求 144
　　二、任务实施 144
　　　（一）创建原理图库文件 144
　　　（二）创建一个新元件 145
　　　（三）元件的绘制 147

任务二　创建 PCB 元件库	148	一、任务要求	155
一、任务要求	148	二、任务实施	155
二、任务实施	148	三、技能实训	158
任务三　创建集成库项目文件	155	习题	160

第三部分　基于 CPLD/FPGA 的电路的设计

项目七　一位全加器的设计 162
　任务一　Quartus II 开发环境及应用 163
　　一、任务要求 163
　　二、任务实施 163
　　　（一）Quartus II 开发环境简介 163
　　　（二）Quartus II 安装注意事项 164
　　　（三）Quartus II 的应用流程
　　　　　（以简单门电路设计为例） 165
　任务二　半加器的设计 176
　　一、任务要求 176
　　二、任务实施 176
　　　（一）列出半加器真值表 176
　　　（二）半加器方框图 177
　　　（三）设计过程 177
　任务三　一位全加器设计 179
　　一、任务描述 179
　　二、任务要求 179
　　三、知识链接 179
　　　（一）可编程逻辑器件的发展 180
　　　（二）简单 PLD 的结构 182
　　　（三）CPLD 的结构 184
　　　（四）FPGA 的结构 186
　　　（五）CPLD 与 FPGA 的对比 190
　　　（六）FPGA 的应用 191
　　四、任务实施 192
　　　（一）分析全加器的功能得出真值表 192
　　　（二）设计过程 192
　　五、知识拓展 194
　　　（一）硬件描述语言简介 194

　　　（二）基本开发流程 195
　　六、技能实训 198
　　　（一）原理图法设计多位加法器 198
　　　（二）3 线-8 线译码器设计 199
　　　（三）十二进制计数器设计 200
　习题 201

项目八　可控计数器的设计 202
　任务一　底层模块 count12 的设计 203
　　一、任务要求 203
　　二、任务实施 203
　任务二　底层模块 count24 的设计 204
　　一、任务要求 204
　　二、任务实施 205
　任务三　底层模块 decode 的设计 206
　　一、任务要求 206
　　二、任务实施 206
　任务四　底层模块 outcon 的设计 207
　　一、任务要求 207
　　二、任务实施 207
　任务五　顶层模块 count 的设计 208
　　一、任务要求 208
　　二、任务实施 208
　　三、知识链接 210
　　　（一）VHDL 语言基本结构 210
　　　（二）VHDL 语言基本元素和
　　　　　基本描述语句 214
　　四、知识小结 218
　习题 218

附录 A　常用的元件及封装 220
附录 B　计算机辅助设计绘图员国家职业标准 221

参考文献 224

绪　论

一、EDA 历史与发展及常用工具

(一) EDA 历史与发展

EDA (Electronic Design Automation，电子设计自动化)是在 20 世纪 60 年代中期从计算机辅助设计(CAD)、计算机辅助制造(CAM)、计算机辅助测试(CAT)和计算机辅助工程(CAE)的概念发展而来的。

EDA 技术就是以计算机为工具，设计者在 EDA 软件平台上，用硬件描述语言 VHDL 等方式完成设计文件，然后由计算机自动地完成逻辑编译、化简、分割、综合、优化、布局、布线和仿真，直至对于特定目标芯片的适配编译、逻辑映射和编程下载等工作。EDA 技术的出现，极大地提高了电路设计的效率和可操作性，减轻了设计者的劳动强度。

利用 EDA 工具，电子设计师可以从概念、算法、协议等开始设计电子系统，电子产品从电路设计、性能分析到设计出 IC 图或 PCB 图的整个过程都可以在计算机上自动处理完成。

EDA 应用范围很广，包括机械、电子、通信、航空航天、化工、矿产、生物、医学、军事等各个领域。目前 EDA 技术已在各大公司、企事业单位和科研教学部门广泛使用。例如，在飞机制造过程中，从设计、性能测试及特性分析直到飞行模拟，都可能涉及 EDA 技术。

EDA 工具层出不穷，目前在我国具有广泛影响的 EDA 软件有 Multisim、PSPICE、OrCAD、PCAD、Protel、Viewlogic、Mentor、Graphics、Synopsys、LSI logic、Cadence、Microsim 等。这些工具都有较强的功能，一般可用于几个方面，例如，很多软件都可以进行电路设计与仿真，同时还可以进行 PCB 自动布局布线，可输出多种网络表文件与第三方软件接口。下面按照电子电路设计与仿真工具、PCB 设计软件、IC 设计软件、其他 EDA 软件及 EDA 的应用这几方面，对 EDA 进行简单介绍。

(二) 电子电路设计与仿真工具

电路设计与仿真工具包括 SPICE / PSPICE、Multisim、MATLAB、System View、MMICAD LiveWire、Edison、Tina Pro Bright Spark 等。下面简单介绍前三种软件。

1. SPICE(Simulation Program with Integrated Circuit Emphasis)

SPICE 是由美国加州大学推出的电路分析仿真软件，是 20 世纪 80 年代世界上应用最广的电路设计软件，1998 年被定为美国国家标准。1984 年，美国 Microsim 公司推出了基于 SPICE 的微机版 PSPICE(Personal-SPICE)。现在用得较多的是 PSPICE 6.2，可以说在同类产品中，它是功能最为强大的模拟和数字电路混合仿真 EDA 软件，在国内也得到了普遍使用。

PSPICE 可以进行各种各样的电路仿真、激励建立、温度与噪声分析、模拟控制、波形输出、数据输出，并在同一窗口内同时显示模拟与数字的仿真结果。无论对哪种器件、哪些电路进行仿真，PSPICE 都可以得到精确的仿真结果，并可以自行建立元器件及元器件库。

2. Multisim 软件

Multisim 是 Interactive Image Technologies Ltd. 在 20 世纪末推出的电路仿真软件。其最新版本为 Multisim 13，它具有更加形象直观的人机交互界面，特别是其仪器仪表库中的各仪器仪表与操作真实实验中的实际仪器仪表几乎完全一致，模/数电路的混合仿真功能也毫不逊色，几乎能够 100%地仿真出真实电路的结果。

Multisim 在仪器仪表库中提供了万用表、信号发生器、瓦特表、双踪示波器(Multisim 7 还具有四踪示波器)、波特仪(相当于实际中的扫频仪)、字信号发生器、逻辑分析仪、电压表及电流表等仪器仪表。除此之外，它还提供了我们日常常见的各种建模精确的元器件，比如电阻、电容、电感、三极管等。

在模拟集成电路方面，Multisim 有各种运算放大器及其他常用集成电路，数字电路方面则提供了 74 系列集成电路、4000 系列集成电路等，还支持自制元器件。同时它还能进行 VHDL 仿真和 Verilog HDL 仿真。

3. MATLAB 产品族

MATLAB 的一大特性是有众多面向具体应用的工具箱和仿真块，包含了用于图像信号处理、控制系统设计、神经网络等特殊应用进行分析和设计的完整函数集。它具有数据采集、报告生成和 MATLAB 语言编程产生独立 C∕C++ 代码等功能。

MATLAB 产品族具有下列功能：数据分析；数值和符号计算、工程与科学绘图；控制系统设计；数字图像信号处理；财务工程；建模、仿真、原型开发；应用开发；图形用户界面设计等。

MATLAB 产品族被广泛应用于信号与图像处理、控制系统设计、通信系统仿真等诸多领域。开放式的结构使 MATLAB 产品族很容易针对特定的需求进行扩充，从而在不断深化对问题的认识的同时，提高自身的竞争力。

(三) PCB 设计软件

PCB(Printed-Circuit Board)设计软件种类很多，如 Protel、OrCAD、Viewlogic、PowerPCB、Cadence PSD、Mentor Graphices 的 Expedition PCB、Zuken CadStart、Winboard/Windraft/Ivex-SPICE、PCB Studio、TANGO、PCBWizard(与 LiveWire 配套的 PCB 制作软件包)，等

等。目前在我国用得最多的当属 Protel 软件。

Protel 是 PROTEL(现为 Altium)公司在 20 世纪 80 年代末推出的 CAD 工具，是 PCB 设计者的首选软件。它较早在国内使用，普及率最高，在很多的大中专院校的电路专业还专门开设 Protel 课程，几乎所有的电路公司都要用到它。早期的 Protel 主要作为印制板自动布线工具使用，后来推出了 Protel 99 SE。

Protel 是个完整的全方位电路设计系统，包含了电原理图绘制，模拟电路与数字电路混合信号仿真，多层印制电路板设计(包含印制电路板自动布局布线)，可编程逻辑器件设计、图表生成、电路生成、宏操作等功能，并具有 Client / Server(客户/服务体系结构)，同时还兼容一些其他设计软件的文件格式，如 OrCAD、PSPICE、EXCEL 等。使用多层印制线路板的自动布线功能，Protel 可实现高密度 PCB 的 100%布通率。

Protel 软件功能强大(同时具有电路仿真功能和 PLD 开发功能)、界面友好、使用方便，但它最具代表性的功能还是电路设计和 PCB 设计。自面市后，Protel 在不断升级，2002 年推出了 Protel DXP，2003 年推出了 Protel DXP 2004 软件，对 Protel DXP 进行了进一步完善；2005 年又推出了 Altium Designer 系列，此后基本每年都推出新版本。考虑到 Protel DXP 版本在目前一般的电子企业和院校中仍广泛使用，其本身对软、硬件要求不高，方便易学，后续也比较容易向 Altium Designer 系列高端版本过渡，所以本书选用了 Protel DXP 2004 进行实例讲解。

(四) IC 设计软件

IC 设计工具很多，其中按市场所占份额排行为 Cadence、Mentor Graphics 和 Synopsys。这三家都是 ASIC 设计领域相当有名的软件供应商。下面按用途对 IC 设计软件作介绍。

1. 设计输入工具

设计输入工具是任何一种 EDA 软件必须具备的基本工具。Cadence 的 Composer，Viewlogic 的 Viewdraw，硬件描述语言 VHDL、Verilog HDL 是主要设计语言，许多设计输入工具都支持 HDL(比如说 Multisim 等)。另外，像 Active-HDL 和其他的设计输入方法，包括原理和状态机输入方法，设计 FPGA / CPLD 的工具大都可作为 IC 设计的输入手段，如 Xilinx、Altera 等公司提供的开发工具 ModelSim FPGA 等。

2. 设计仿真工具

使用 EDA 工具的一个最大好处是可以验证设计是否正确，几乎每个公司的 EDA 产品都有仿真工具。Verilog-XL、NC-verilog 用于 Verilog 仿真，Leapfrog 用于 VHDL 仿真，Analog Artist 用于模拟电路仿真。Viewlogic 的仿真器有：Viewsim 门级电路仿真器，Speedwave VHDL 仿真器、VCS-verilog 仿真器。Mentor Graphics 有其子公司 Model Tech 出品的 VHDL 和 Verilog 双仿真器：ModelSim。Cadence、Synopsys 用的是 VSS(VHDL 仿真器)。现在的趋势是各大 EDA 公司都逐渐用 HDL 仿真器作为电路验证的工具。

(五) 其他 EDA 软件

1. VHDL 语言

超高速集成电路硬件描述语言(VHSIC Hardware Description Language, VHDL)，是 IEEE 的一项标准设计语言。它源于美国国防部提出的超高速集成电路(Very High Speed Integrated Circuit, VHSIC)计划，是 ASIC 设计和 PLD 设计的一种主要输入工具。

2. Verilog HDL

Verilog HDL 是 Verilog 公司推出的硬件描述语言，在 ASIC 设计方面与 VHDL 语言平分秋色。

(六) EDA 的应用

EDA 在教学、科研、产品设计与制造等方面都发挥着巨大的作用。

在教学方面，几乎所有理工(特别是电子信息)类的高校都开设了 EDA 课程，主要是让学生了解 EDA 的基本概念和基本原理，掌握 HDL 语言编写规范，掌握逻辑综合的理论和算法，使用 EDA 工具进行电子电路课程的实验验证，并从事简单系统的设计。学生一般要学习电路仿真工具(如 Multisim、PSPICE)和 PLD 开发工具(如 Altera / Xilinx 的器件结构及开发系统)，为今后工作打下基础。

科研方面主要利用电路仿真工具(Multisim 或 PSPICE)进行电路设计与仿真；利用虚拟仪器进行产品测试；将 CPLD / FPGA 器件实际应用到仪器设备中；从事 PCB 设计和 ASIC 设计等。

在产品设计与制造方面，EDA 的应用包括计算机仿真，产品开发中的 EDA 工具应用、系统级模拟及测试环境的仿真，生产流水线的 EDA 技术应用、产品测试等各个环节，如 PCB 的制作、电子设备的研制与生产、电路板的焊接、ASIC 的制作过程等。

二、电子设计的工作岗位

在较大的电子企业中，一般都会设立专门从事产品研发的部门，称为产品研发部或产品开发部。

(一) 产品研发部的职能

产品研发部的主要职能是负责公司新产品、新技术的调研、论证、开发、设计工作。具体职能如下：

(1) 负责组织新产品设计方案的制定和实施工作。做好样图、技术文件的设计，做好设计进度与质量的控制。

(2) 组织做好设计评审、设计验证、设计确认工作，对设计更改的控制负责。

(3) 负责新产品样机的试制，对试生产、检验、正式生产过程中发生的设计问题进行处理。

(4) 负责新产品研发设计的制定与实施。组织编制新产品发展规划(短期、中期、长期规划),确保产品的系列化、标准化。

(5) 负责新技术的引进与消化吸收。收集和分析产品设计资料,研究产品发展趋势,跟进行业动态、政策导向,关注新技术、新材料、新工艺的应用,开展相关研究,在企业内部进行推广。

(6) 负责新产品的专利申报、企业标准编制、科技成果的鉴定工作。

(7) 组织编制基础性技术标准,以及产品包装、使用、维护方面的技术规程。

(8) 负责制定产品研发管理制度、技术情报管理制度,确保产品开发管理规范化。

(9) 负责设计图样、技术资料的管理。

(10) 参与合同评审,参与供应商的选择。

(11) 配合处理产品售后服务中出现的技术问题。

(二) 岗位设置

某电子企业产品研发部的组织结构如图 0-1 所示。

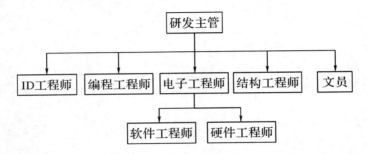

图 0-1 某电子企业产品研发部的组织结构

实际上,每个企业的产品研发部组织结构都不可能一样,但只要能确保研发部职能完整就行。

在产品研发部的工作岗位中,电子工程师以及编程工程师等岗位都是高职电子信息类专业毕业生可以直接从事的工作岗位,而硬件工程师主要的工作就是进行电路设计与 PCB 设计。

下面给出某电子企业硬件工程师的岗位职责和任职要求。

岗位职责:

(1) 独立进行产品设计、数/模电路设计和结构搭建;

(2) 负责产品硬件系统的开发设计及相关管理工作;

(3) 完成项目总体方案、器件选型、原理图设计、调试、测试维护优化等工作,并对设计质量负责;

(4) 能够编写各种技术文档和标准化资料;

(5) 能熟练应用 Protel(Altium Designer)等 EDA 工具进行硬件原理图及 PCB 的设计,精通 PCB 布线流程、规范及信号完整性分析;

(6) 掌握常用工具、实验用仪器仪表的使用方法。

任职要求：

(1) 电子或是微电子技术与自动化等相关专业，能阅读相关英语文档；

(2) 学习能力较强或有电子电路、集成电路开发工作经历、硬件开发经验；

(3) 具备扎实的数/模电路基础及丰富的电路设计经验，熟悉单片机，能熟练对产品电路图与 PCB 进行布局；

(4) 能独立承担硬件项目的开发设计工作，熟悉高频线路；

(5) 具备良好的团队管理、沟通及协调能力，工作踏实，作风严谨，能承受一定的工作压力。

第一部分

Multisim 13 设计仿真

项目一　Multisim 13 软件概述

❖ **学习内容与学习目标**

项目名称	学习内容	能力目标	教学方法
Multisim 13 软件概述	(1) Multisim 的发展历程； (2) Multisim 13 的设计用户界面及参数设置； (3) Multisim 13 的文件管理； (4) 原理图环境的设置； (5) 设置原理图环境参数，新建原理图文档； (6) 绘制简单原理图； (7) 对简单电路图进行仿真	(1) 能正确地安装与卸载 Multisim 13 软件； (2) 能正确设置原理图的设计环境； (3) 能正确绘制简单原理图； (4) 能对原理图进行仿真	教学做一体化实操实训为主

❖ **项目描述**

利用 Multisim 13 软件绘制图 1-1-1，并对电路进行仿真，分析 R_2 两端的输出电压。

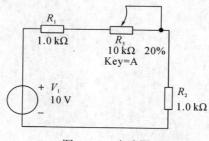

图 1-1-1　电路图

任务一　Multisim 13 的用户界面及设置

一、任务要求

(1) 了解 Multisim 软件的发展史；
(2) 熟悉 Multisim 13 的用户界面及参数设置。

二、知识链接

Multisim 是美国国家仪器(NI)有限公司推出的以 Windows 为基础的仿真工具,适用于板级的模拟/数字电路板的设计工作。它包含了电路原理图的图形输入、电路硬件描述语言输入方式,具有丰富的仿真分析能力,我们可以使用 Multisim 交互式地搭建电路原理图,并对电路进行仿真。Multisim 提炼了 SPICE 仿真的复杂内容,无需深入了解 SPICE 技术就可以很快地捕获、仿真和分析新的设计,这也使其更适合电子学教育。通过 Multisim 和虚拟仪器技术,PCB 设计工程师和电子学教育工作者可以完成从理论到原理图捕获与仿真再到原型设计和测试这样一个完整的综合设计流程。

NI Multisim 是一款著名的电子设计自动化软件,是与 NI Ultiboard 同属美国国家仪器公司的电路设计软件套件,是入选伯克利加大 SPICE 项目中为数不多的软件之一。Multisim 在学术界以及产业界被广泛地应用于电路教学、电路图设计以及 SPICE 模拟。

(一) Multisim 发展历程

Multisim 电路仿真软件最早是加拿大图像交互技术公司(Interactive Image Technologies,IIT)于 20 世纪 80 年代末推出的一款专门用于电子线路仿真的虚拟电子工作平台(Electronics Work Bench, EWB)。该软件用于对数字电路、模拟电路以及模拟/数字混合电路进行仿真。20 世纪 90 年代初,EWB 软件进入我国。1996 年 IIT 公司推出 EWB 5.0 版本,由于其操作界面直观、操作方便、分析功能强大、易学易用等突出优点,在我国高等院校得到迅速推广,也受到电子行业技术人员的青睐。

从 EWB 5.0 版本以后,IIT 公司对 EWB 进行了较大的变动,将专门用于电子电路仿真的模块改名为 Multisim,将原 IIT 公司的 PCB 制作软件 Electronics Workbench Layout 更名为 Ultiboard,为了增强器布线能力,开发了 Ultiroute 布线引擎。另外,还推出了用于通信系统的仿真软件 Commsim。至此,Multisim、Ultiboard、Ultiroute 和 Commsim 构成了 EWB 的基本组成部分,能完成从系统仿真、电路仿真到电路板图生成的全过程。其中,最具特色的仍然是电路仿真软件 Multisim。

2001 年,IIT 公司推出了 Multisim 2001,重新验证了元件库中所有元件的信息和模型,提高了数字电路仿真速度,开设了 EdaPARTS.com 网站,用户可以从该网站得到最新的元件模型和技术支持。

2003 年,IIT 公司又对 Multisim 2001 进行了较大的改进,并升级为 Multisim 7。其核心使用基于带 XSPICE 扩展的伯克利 SPICE 的强大的工业标准 SPICE 引擎来加强数字仿真,尤其是增加了 3D 元件以及安捷伦的万用表、示波器、函数信号发生器等仿实物的虚拟仪表,将电路仿真分析增加到 19 种,元件增加到 13 000 个,另外,还提供了专门用于射频电路仿真的元件模型库和仪表,以此搭建射频电路并进行实验,提高了射频电路仿真的准确性。此时,电路仿真软件 Multisim 7 已经非常成熟和稳定,成为 IIT 公司在开拓电路仿真领域的一个里程碑。随后,IIT 公司又推出 Multisim 8,增加了虚拟 Tektronix 示波器,仿真速度有了进一步提高,仿真界面、虚拟仪表和分析功能则变化不大。

2005 年以后,加拿大 IIT 公司并入美国 NI 公司,并于 2005 年 12 月推出 Multisim 9。

Multisim 9 在仿真界面、元件调用方式、搭建电路、虚拟仿真、电路分析等方面沿袭了 EWB 的优良特色，但软件的内容和功能有了很大不同，NI 公司最具特色的 LabVIEW 仪表融入了 Multisim 9，可以将实际 I/O 设备接入 Multisim 9，克服了原 Multisim 软件不能采集实际数据的缺陷。Multisim 9 还可以与 LabVIEW 软件交换数据，调用 LabVIEW 虚拟仪表，并增加了 51 系列和 PIC 系列的单片机仿真功能，还增加了交通灯、传送带、显示终端等高级外设元件。

NI 公司于 2007 年 8 月 26 日发行 NI 系列电子电路设计套件(NI Circuit Design Suite 10)，该套件含有电路仿真软件 NI Multisim 10 和 PCB 制作软件 NI Ultiboard 10 两个软件，增加了交互部件的鼠标单击控制、虚拟电子实验室虚拟仪表套件(NI ELVIS Ⅱ)、电流探针、单片机的 C 语言编程以及 6 个 NI ELVIS 3 仪表。

2010 年初，NI 公司正式推出 NI Multisim 11。Multisim 11 能够实现电路原理图的图形输入、电路硬件描述语言输入、电子线路和单片机仿真、虚拟仪器测试、多种性能分析、PCB 布局布线和基本机械 CAD 设计等功能。

2012 年又推出了 Multisim 12。Multisim 12 电路仿真通过使用直观的图形化方法，简化了复杂的传统电路仿真，并且提供了用于电路设计和电子教学的量身定制版本。

2013 年 12 月，NI 发布了 Multisim 13，Multisim 13 提供了针对模拟电子、数字电子及电力电子的全面电路分析工具。

本章主要以 Multisim 13 为基础来介绍 Multisim 软件的相关功能和使用。

(二) Multisim 13 的特点

Multisim 仿真软件自 20 世纪 80 年代产生以来，经过数个版本的升级，除保持操作界面直观、操作方便、易学易用等优良传统外，电路仿真功能也得到不断完善。目前，其版本 NI Multisim 13 主要有以下特点。

(1) 直观的图形界面。NI Multisim 13 保持了原 EWB 图形界面直观的特点，其电路仿真工作区就像一个电子实验工作台，元件和测试仪表均可直接拖放到屏幕上，可通过单击鼠标用导线将它们连接起来，虚拟仪器操作面板与实物相似，甚至完全相同。用户可方便选择仪表测试电路波形或特性，可以进行 20 多种电路分析，以帮助设计人员分析电路的性能。

(2) 丰富的元件。自带元件库中的元件数量更多，基本可以满足工科院校电子技术课程的要求。

NI Multisim 13 的元件库不但含有大量的虚拟分离元件、集成电路，还含有大量的实物元件模型，包括一些著名制造商，如 Analog Device、Linear Technologies、Microchip、National Semiconductor 以及 Texas Instruments 等。用户可以编辑这些元件参数，并利用模型生成器及代码模式创建自己的元件。

(3) 众多的虚拟仪表。NI Multisim 13 可提供 22 种虚拟仪器，这些仪器的设置和使用与真实仪表一样，能动态交互显示。用户还可以创建 LabVIEW 的自定义仪器，既能在 LabVIEW 图形环境中灵活升级，又可调入 NI Multisim 13 方便使用。

(4) 完备的仿真分析。以 SPICE 3F5 和 XSPICE 的内核作为仿真的引擎，能够进行 SPICE 仿真、RF 仿真、MCU 仿真和 VHDL 仿真。通过 NI Multisim 13 自带的增强设计功能优化数字和混合模式的仿真性能，利用集成 LabVIEW 和 Signalexpress 可快速进行原型开发和测试设计，具有符合行业标准的交互式测量和分析功能。

(5) 独特的虚实结合。在 NI Multisim 13 电路仿真的基础上，NI 公司推出了教学实验室虚拟仪表套件(ELVIS)，用户可以在 NI ELVIS 平台上搭建实际电路，利用 NI ELVIS 仪表完成实际电路的波形测试和性能指标分析。用户还可以在 NI Multisim 13 电路仿真环境中模拟 NI ELVIS 的各种操作，为实际 NI ELVIS 平台上搭建、测试实际电路打下良好的基础。NI ELVIS 仪表允许用户自定制并进行灵活的测量，还可以在 NI Multisim 13 虚拟仿真环境中调用，以此完成虚拟仿真数据和实际测试数据的比较。

(6) 远程的教育。用户可以使用 NI ELVIS 和 LabVIEW 来创建远程教育平台。利用 LabVIEW 中的远程面板，将本地的 VI 发布在网络上，通过网络传输到其他地方，从而给异地的用户进行教学或演示相关实验。

(7) 强大的 MCU 模块。该模块可以完成 8051、PIC 单片机及其外部设备(如 RAM、ROM、键盘和 LCD 等)的仿真，支持 C 代码、汇编代码以及十六进制代码，并兼容第三方工具源代码；具有设置断点、单步运行、查看和编辑内部 RAM、特殊功能寄存器等高级调试功能。

(8) 简化了 FPGA 应用。在 NI Multisim 13 电路仿真环境中搭建数字电路，通过测试，其功能正确后，执行菜单命令将之生成原始 VHDL 语言，有助于初学 VHDL 语言的用户对照学习 VHDL 语句。用户可以将这个 VHDL 文件应用到现场可编程门阵列(FPGA)硬件中，从而简化 FPGA 的开发过程。

三、任务实施

(一) Multisim 13 的用户界面

软件以图形界面为主，采用菜单、工具栏和热键相结合的方式，具有一般 Windows 应用软件的界面风格，用户可以根据自己的习惯和熟悉程度自如使用。

1. Multisim 13 的主窗口界面

启动 Multisim 13 后，将出现如图 1-1-2 所示的界面。

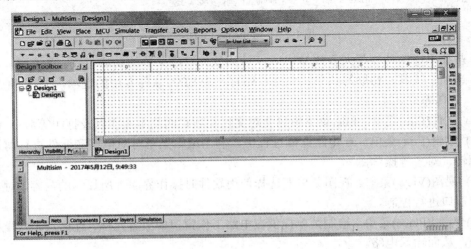

图 1-1-2　Multisim 13 的主窗口界面

由图 1-1-2 可以看出，Multisim 13 的主窗口界面包含多个区域：标题栏、菜单栏、各种工具栏、电路工作区窗口、状态条、列表框等。通过对各部分的操作可以实现电路图的输入、编辑，并根据需要对电路进行相应的观测和分析。用户可以通过菜单栏或工具栏改变主窗口的视图内容。

2. Multisim 13 的标题栏

标题栏为主窗口界面最上面的一行，如图 1-1-3 所示。标题栏左侧是文件名，右侧有最小化、最大化和关闭三个控制按钮，通过它们实现对窗口的操作。当右击标题栏时，可出现一控制菜单，用户可以选择相应的命令完成还原、移动、大小、最小化、最大化和关闭的操作。

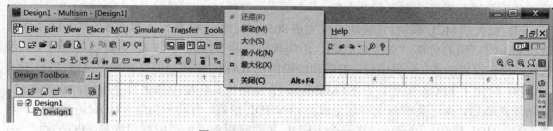

图 1-1-3 Multisim 13 的标题栏

3. Multisim 13 的菜单栏

菜单栏位于主窗口界面上方的第二行，如图 1-1-4 所示，Multisim 13 菜单栏包含 12 个主菜单，如图 1-1-4 所示，从左至右分别是 File(文件)菜单、Edit(编辑)菜单、View(窗口显示)菜单、Place(放置)菜单、MCU(微处理器)菜单、Simulate(仿真)菜单、Transfer(转移)菜单、Tools(工具)菜单、Reports(报告)菜单、Options(选项)菜单、Window(窗口)菜单和 Help(帮助)菜单等。在每个主菜单下都有一个下拉菜单。通过这些菜单可以对 Multisim 的所有功能进行操作。

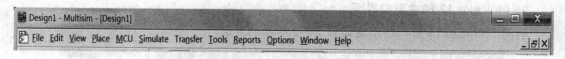

图 1-1-4 Multisim 13 的菜单栏

一些菜单中的功能与大多数 Windows 应用软件对应菜单的功能一致，如文件、编辑、视图、选项、工具、帮助等菜单。此外，还有一些 EDA 软件专用的选项，如绘制(放置)、MCU、仿真等。

(1) 文件(File)菜单。File 菜单中包含对文件和项目的基本操作以及打印等命令。

(2) 编辑(Edit)菜单。在电路绘制过程中，利用编辑菜单可对电路和元件进行剪切、粘贴、翻转、对齐等操作。

(3) 视图(View)菜单。视图菜单即选择使用软件时操作界面上所显示的内容，对一些工具栏和窗口进行控制。

(4) 绘制(Place)菜单。绘制菜单提供在电路工作窗口中放置元件、连接点、总线和文字等命令，从而输入电路。

(5) 微处理器(MCU)菜单。MCU 菜单提供在电路工作窗口内 MCU 的调试操作命令。

(6) 仿真(Simulate)菜单。仿真菜单提供了电路的仿真设置与分析的操作命令。

(7) 转移(Transfer)菜单。转移菜单提供了将 Multisim 格式转换成其他 EDA 软件需要的文件格式的操作命令。

(8) 工具(Tools)菜单。工具菜单主要提供对元器件进行编辑与管理的命令。

(9) 报告(Reports)菜单。报告菜单提供材料清单、元器件和网表等报告命令。

(10) 选项(Options)菜单。选项菜单提供对电路界面和某些功能的设置命令。

(11) 窗口(Window)菜单。窗口菜单提供对窗口的关闭、层叠、平铺等操作命令。

(12) 帮助(Help)菜单。帮助菜单提供对 Multisim 的在线帮助和使用指导说明等操作命令。

对于菜单栏中这 12 个菜单项,当单击其中任意一个菜单时,就会弹出对应菜单下的子菜单命令窗口,大家根据需要选择相应的操作命令。大家可以通过练习来熟悉这些子菜单命令。

4. Multisim 13 的工具栏

Multisim 13 提供了多种工具栏,并以层次化的模式加以管理,用户可以通过视图(View)菜单中的选项方便地将顶层的工具栏打开或关闭,再通过顶层工具栏中的按钮来管理和控制下层的工具栏。通过工具栏,用户可以方便直接地使用软件的各项功能。

常用的工具栏有:标准(Standard)工具栏、主(Main)工具栏、仿真(Simulation)工具栏、视图查看(Zoom)工具栏。

(1) 标准工具栏包含了常见的文件操作和编辑操作,如图 1-1-5 所示。

图 1-1-5 标准工具栏

(2) 主工具栏控制文件、数据、元件等的显示操作,如图 1-1-6 所示。

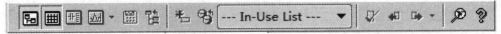

图 1-1-6 主工具栏

(3) 仿真工具栏可以控制电路仿真的开始、结束和暂停,如图 1-1-7 所示。

图 1-1-7 仿真工具栏

(4) 视图查看工具栏,用户可以通过此栏方便地调整所编辑电路的视图大小,如图 1-1-8 所示。

图 1-1-8 视图工具栏

5. Multisim 13 的元件库

EDA 软件所能提供的元器件的多少以及元器件模型的准确性都直接决定了该 EDA 软件的质量和易用性。Multisim 13 为用户提供了丰富的元器件,并以开放的形式管理元器件,使得用户能够自己添加所需要的元器件。

Multisim 13 以库的形式管理元器件,通过菜单栏下的"工具 / 数据库 / 数据库管理器",打开数据库管理器窗口,如图 1-1-9 所示。

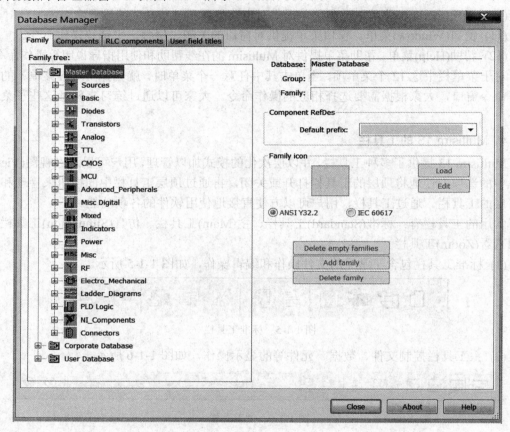

图 1-1-9　数据库管理器窗口

Multisim 13 的元件包含三个数据库,分别为主数据库、企业数据库和用户数据库。

主数据库(Master Database):库中存放的是软件为用户提供的元器件。

企业数据库(Corporate Database):用于存放便于企业团队设计的一些特定元件,该库仅在专业版中存在。

用户数据库(User Database):为用户自建元器件准备的数据库。

主数据库中包含 20 个元件库,它们是:信号源库(Sources)、基本元件库(Basic)、二极管元件库(Diodes)、晶体管元件库(Transistors)、模拟元件库(Analog)、TTL 元件库(TTL)、CMOS 元件库(CMOS)、MCU 模块元件库(MCU)、高级外围元件库(Advanced_Peripherals)、杂合类数字元件库(Misc Digital)、混合元件库(Mixed)、显示器件库(Indicators)、功率器件库(Power)、杂合类器件库(Misc)、射频元件库(RF)、机电类元件库(Eletro-Mechanical)、NI 元件库(NI_Components)、连接器元件库(Connectors)、梯形图设计元件库、PLD 逻辑器件库。

各元件库下还包含子库。具体选用时可打开菜单栏中的工具栏/元器件工具栏进行选择，如图 1-1-10 所示。

图 1-1-10　元器件工具栏

6. Multisim 13 的"Place"子菜单

"Place"子菜单的功能如表 1-1-1 所示。

表 1-1-1　"Place"子菜单的功能

主菜单	子菜单	快捷键	功　能
Place	Component	Ctrl + W	放置元器件
	Junction	Ctrl + J	放置一个节点
	Wire	Ctrl + Shift + W	放置导线
	Bus	Ctrl + U	放置总线
	Connectors		放置连接
	New Hierarchical Block…		生成新的子块
	Hierarchical Block from file…	Ctrl + H	子块调用
	Replace by Hierarchical Block…	Ctrl + Shift+ H	由一个子块替换
	New subcircuit…	Ctrl + B	放置一个子电路
	Replace by subcircuit…	Ctrl + Shift+ B	用一个子电路替换
	Multi-Page…		多页设置
	Comment		放置注释
	Text	Ctrl + Alt + A	放置文字
	Graphics		放置图片
	Title Block		放置标题栏

7. Multisim 13 的"Simulate"子菜单

"Simulate"子菜单的功能如表 1-1-2 所示。

表 1-1-2 "Simulate"子菜单的功能

主菜单	子菜单	快捷键	功　能
Simulate	Run	F5	运行仿真开关
	Pause	F6	暂停仿真
	Instrument		选择仿真仪表
	Interactive Simulation Settings…		交互仿真设置
	Digital Simulation Settings		数字仿真设置
	Analyses		选择仿真分析法
	Postprocessor…		打开后处理器对话框
	Simulation Error Log / Audit Trail		仿真错误记录/检查路径
	Xspice Command Line Interface...		Xspice 命令行输入界面
	Load Simulation Settings…		装载仿真文件
	Save Simulation Settings…		保存仿真文件
	Auto Fault Option		自动设置电路故障
	Probe Properties		探针属性设置
	Reverse Probe Direction		翻转探针方向
	Clear Instrument Data		清除仪表数据
	Global Component Tolerance		全局元件容差设置

(二) Multisim 13 仿真分析

1. Multisim 13 的虚拟仪器库

对电路进行仿真运行，通过对运行结果的分析，判断设计是否正确合理，是 EDA 软件的一项主要功能。为此，Multisim 为用户提供了类型丰富的 20 种虚拟仪器，用户可以从"工具栏/仪器"打开仪器工具栏，如图 1-1-11 所示。

图 1-1-11　仪器工具栏

这 20 种仪器仪表在电子线路的分析中经常会用到。它们分别是：数字万用表(Multimeter)、函数信号发生器(Function Generator)、瓦特表(Wattmeter)、示波器(Oscilloscope)、4 通道示波器(4 Channel Oscilloscope)、波特图仪(Bode Plotter)、频率计数器(Frequency Counter)、字信号发生器(Word Generator)、逻辑转换仪(Logic Converter)、逻辑分析仪(Logic Analyzer)、IV 分析仪(IV-Analysis)、失真分析仪(Distortion Analyzer)、频谱分析仪(Spectrum Analyzer)、网络分析仪(Network Analyzer)、Agilent 函数发生器(Agilent Function Generator)、Agilent 数字万用表(Agilent Multimeter)、Agilent 示波器(Agilent Oscilloscope)、Tektronix 示波器(Tektronix Oscilloscope)和节点测量表(Measurement Probe)和虚拟仪器(LabVIEW Instaments)等。

这些虚拟仪器仪表的参数设置、使用方法和外观设计与实验室中的真实仪器基本一致。在选用后，各种虚拟仪表都以面板的方式显示在电路中。

2. Multisim 13 的仿真类型

Multisim 13 的"Simulate"菜单中有一子菜单"Analyses"，该菜单提供了 19 种仿真分析类型。

直流工作点分析：DC Operating Point Analysis；
交流分析：AC Analysis；
单一频率交流分析：Single Frequency AC Analysis；
瞬态分析：Transient Analysis；
傅里叶分析：Fourier Analysis；
噪声分析：Noise Analysis；
噪声图形分析：Noise Figure Analysis；
失真分析：Distortion Analysis；
直流扫描分析：DC Sweep Analysis；
灵敏度分析：Sensitivity Analysis；
参数扫描：Parameter Sweep；
温度扫描分析：Temperature Sweep Analysis；
极点-零点分析：Pore-Zero Analysis；
传输函数分析：Transfer Function Analysis；
坏情况分析：Worst Case Analysis；
蒙特卡罗分析：Monte Carlo Analysis；
轨迹宽度分析：Trace Width Analysis；
批处理分析：Batched Analysis；
用户定义分析：User Defined Analysis。

任务二　简单原理图的绘制与仿真

一、任务要求

按照下列设计要求，绘制如图 1-1-12 所示的简单电路图。

要求：
(1) 新建一个原理图文件，命名为"简单电路图"。
(2) 原理图图纸尺寸为 A4(297 mm×210 mm)，其他参数默认。
(3) 进行仿真，测试 R_2 两端的输出电压，并与理论值进行分析比较。

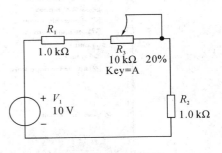

图 1-1-12　电路图

二、任务实施

Multisim 的基础是正向仿真，为用户提供一个软件平台，允许用户在进行硬件实现以前，对电路进行观测和分析。具体的过程分为：文件的创建、通用环境的设置、元器件的设置、电路的连接、仪器仪表的选用与连接、电路仿真分析。

为了帮助初学者轻松容易地掌握 Multisim 13 的使用要领，本节将结合一个电路实例的具体实现过程来说明 Multisim 设计电路和分析中的使用方法。

(一) 文件的创建

启动 Multisim 13，进入主界面窗口，选择菜单栏中的"保存"命令后，弹出"保存"对话框，选择合适的保存路径并输入所需的文件名"Example1"，将文件名改为要求的"简单电路图"，然后点击"保存"按钮，完成新文件的创建。

这里需要说明的是：

(1) 文件的名字要能体现电路的功能，要让自己一看到该文件名就能一下子想起该文件实现了什么功能。

(2) 在电路图的编辑和仿真过程中，要养成随时保存文件的习惯，以免由于没有及时保存而导致文件的丢失或损坏。

(二) 通用环境的设置

为了适应不同的需求和用户习惯，用户可以在菜单中选择"选项/电路图属性(Options / Sheet Properties)"打开电路图属性对话框，来定制用户的通用环境变量，如图 1-1-13 所示。

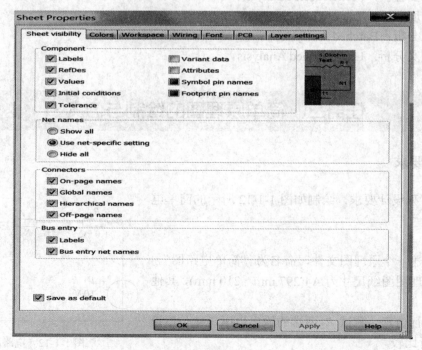

图 1-1-13　电路图属性对话框

通过该窗口的标签选项，用户可以就编辑界面颜色、电路尺寸、缩放比例、自动存储时间等内容。

以标签工作区为例，当选中该标签时，电路图属性对话框如图1-1-14所示。

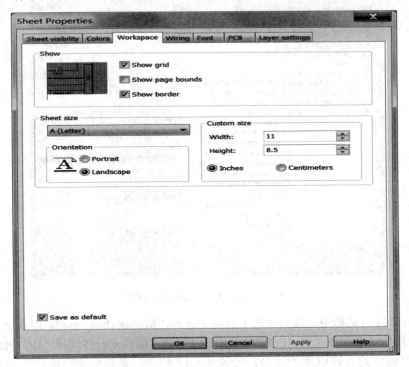

图1-1-14 电路图属性对话框

该对话框中有两个分项：

(1) 显示：可以设置是否显示网格、页边界以及边界。

(2) 电路图页面大小：设置电路图页面大小。

其余的标签选项在此不再详述，请大家自己打开查看。

(三) 元器件的放置

在绘制电路图之前，需要先熟悉一下元件栏和仪器栏的内容，看看Multisim 13都提供了哪些电路元件和仪器。

根据所要分析电路，涉及的元器件主要有电源、电阻和可变电阻。下面将以选用电源为例来详细说明选取及放置方法。

1. 元器件的选取：选取电源

选用元器件的方法有两种：从工具栏取用或从菜单取用。

(1) 从工具栏取用：打开元器件工具栏的小对话框。当鼠标在元器件工具栏对话框中每个按钮上停留时，会有按钮名称提示出现。然后直接从元器件工具栏中点击"放置源"按钮，打开如图1-1-15所示的选择元器件对话框。

(2) 从菜单取用：从菜单中选择"绘图/元器件"，就可打开选择元器件对话框。该对话框与图 1-1-15 一样。

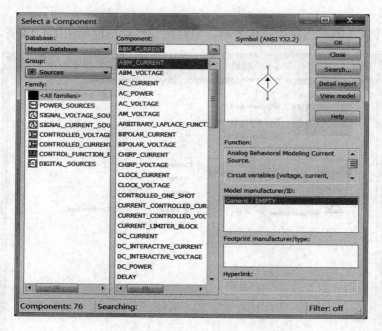

图 1-1-15 选择元器件对话框

在选择元器件对话框中，数据库的下拉框中选择"Master Data base"，组的下拉框中选择"Sources"，然后，系列中选择"POWER_SOURCES"，最后元器件选择"DC_POWER"，符号框中就出现相应的直流电源的符号，如图 1-1-15 所示。最后单击"确认"按钮。

2. 放置元器件

单击"确认"按钮后，系统关闭元器件选用窗口，自动回到电路设计窗口，注意这时候跟着鼠标的箭头旁边出现了直流电源的电路符号，随着鼠标的移动而移动。移动到需要位置，单击鼠标左键，即可发现电路设计窗口放置了一个直流电源。如需继续放置第二个、第三个……可以反复单击鼠标左键，放置多个直流电源，一直到不需要时，单击鼠标右键，退出放置直流电源的状态，如图 1-1-16 所示。

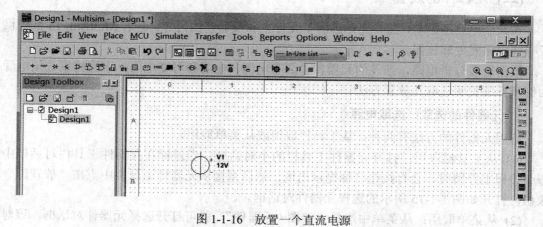

图 1-1-16 放置一个直流电源

3. 元器件属性修改

我们看到，放置的电源符号显示的是 12 V。我们的需要可能不是 12 V，而是 10 V。那怎么来修改呢？双击该电源符号，出现如图 1-1-17 所示的属性修改对话框，在该对话框里，可以更改该元件的属性。

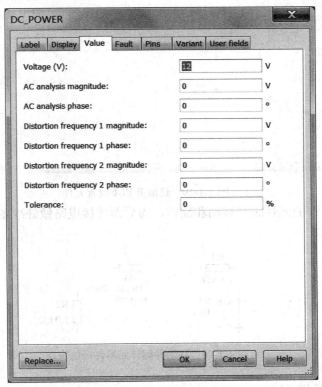

图 1-1-17　电源属性修改对话框

在这里，我们将电压改为 10 V。当然我们也可以更改元件的其他属性。修改后的电路图如图 1-1-18 所示。

图 1-1-18　电源属性修改后的电路图

4. 元器件的移动和翻转

用户可以对元器件进行移动、复制、粘贴等编辑工作。这些工作与 Windows 中其他软件操作方法一致，这里就不再详细叙述。

放置好所需电源后，按照上述步骤，放置两个 1.0 kΩ 电阻和一个 1 kΩ 可变电阻。

放置电阻时，选择元器件对话框中相应的参数设置：

(1)"数据库"选项选择"Master Data base"。

(2)"组"选项选择"Basic"。

(3)"系列"选项里电阻选择"RESISTOR"，可变电阻选择"POTENTIOMETER"。

(4) "元件"选项中,电阻选择"1.0 kΩ",可变电阻选择"10 kΩ"。
选取元件并放置完成后的效果如图 1-1-19 所示。

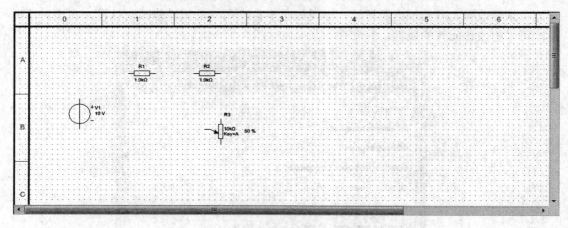

图 1-1-19　选取并初步放置元件

对图 1-1-19 中的元件进行移动和翻转,为后面连接电路做好准备,操作完成后的效果如图 1-1-20 所示。

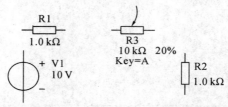

图 1-1-20　移动并翻转元器件后的窗口

(四) 电路的连接

将鼠标移动到电源的正极,当鼠标指针变成 ✦ 时,表示导线已经和正极连接,单击鼠标将该连接点固定,然后移动鼠标到电阻 R1 的一端,出现小红点后,表示正确连接到 R1 了,单击鼠标左键固定,这样一根导线就连接好了,如图 1-1-21 所示。如果想要删除这根导线,将鼠标移动到该导线的任意位置,单击鼠标右键,选择"删除"即可将该导线删除。或者选中导线,直接按"Delete"键删除。

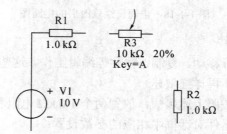

图 1-1-21　连接电源与 R1

按照前面的方法,将各连线连接好,如图 1-1-22 所示。

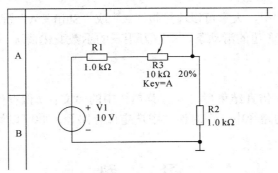

图 1-1-22　电路连线图

注意：在电路里放置一个公共地线，在电路图的绘制中，公共地线是必需的。

(五) 仪器仪表的选用与连接

对电路电阻 R2 的输出进行仿真分析，需要在 R2 两端添加万用表。用户可以从仪器的工具栏中选用万用表，添加方法类似元器件。双击万用表就会出现仪器面板，面板为用户提供观测窗口和参数设定按钮。添加万用表后并连线，效果如图 1-1-23 所示。

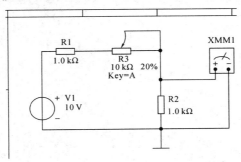

图 1-1-23　添加万用表后电路

(六) 电路仿真分析

电路连接完毕，检查无误后，就可以进行仿真了。单击仿真栏中的开始按钮 ▶。电路进入仿真状态。双击图中的万用表符号，即可弹出如图 1-1-24 的对话框，在这里显示了电阻 R2 上的电压。R3 是可调电阻，其调节百分比为 20%，则在这个电路中，R3 的阻值为 2 kΩ。对于显示的电压值是否正确，我们可以验算一下。

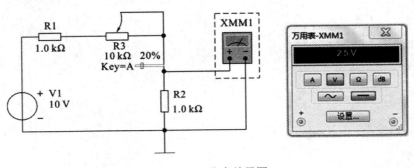

图 1-1-24　仿真结果图

在调试运行的过程中,大家可以通过按"A"或"Shift + A"键增减 R3 所接入电路的百分数,或者拖动 R3 旁边的滑动条,观察万用表的示数变化情况。

(七) 保存文件

电路图绘制完成,仿真结束后,执行菜单栏中的"文件/保存"可以自动按原文件名将该文件保存在原来的路径中。在对话框中选定保存路径,并可以修改文件名进行保存。

习 题

1. 简述何谓 EDA 技术。
2. 简述常用的 EDA 软件及安装方法。
3. 使用 Multisim 绘制电路并进行仿真的步骤有哪些?

项目二 Multisim 13 在模拟电路中的应用

❖ **学习内容与学习目标**

项目名称	学习内容	能力目标	教学方法
Multisim 13 在模拟电路中的应用	(1) 掌握串联型可调稳压电源和晶体管放大电路的设计电路及工作原理； (2) 学会调用元件库； (3) 学会使用仪器工具栏中的示波器、万用表； (4) 掌握放大电路的基本方针方法，正确设置与仿真相关的参数； (5) 学会如何设置函数信号发生器的参数； (6) 掌握利用软件对电路进行仿真的一般步骤	(1) 能正确分析电路原理； (2) 能正确调用元件库中的元件，绘制串联型可调稳压电源和晶体管放大电路原理图； (3) 能正确调用仪器工具栏中的示波器观察整流、滤波、稳压后的电压波形，调出万用表对比理论电压值与仿真电压值是否一致； (4) 能对单管放大电路进行直流工作点分析； (5) 能对单管放大电路进行交流分析和瞬态分析	教学做一体化实操实训为主

❖ **项目描述**

利用 Multisim 13 软件实现对模拟电路的仿真分析。

任务一 直流稳压电源的设计仿真

一、任务要求

(1) 学会调用元件库；
(2) 学会使用仪器工具栏中的示波器、万用表；
(3) 掌握利用软件对电路进行仿真的一般步骤；
(4) 会对模拟电路进行直流工作点分析、交流分析和瞬态分析。

二、知识链接

直流稳压电源是一种将 220 V 工频交流电转换成稳压输出的直流电压的装置，它需要变压、整流、滤波、稳压四个环节才能完成。

直流稳压电源方框图如图 1-2-1 所示。

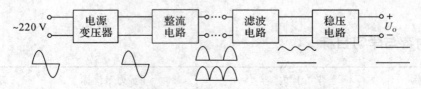

图 1-2-1　直流稳压电源方框图

图 1-2-1 中：

(1) 电源变压器：降压变压器，它将电网 220 V 交流电压变换成符合需要的交流电压，并送给整流电路。

(2) 整流电路：利用单向导电元件，把 50 Hz 的正弦交流电变换成脉动的直流电。

(3) 滤波电路：将整流电路输出电压中的交流成分大部分加以滤除，从而得到比较平滑的直流电压。

(4) 稳压电路：稳压电路的功能是使输出的直流电压稳定，不随交流电网电压和负载的变化而变化。

直流稳压电源的实际电路图如图 1-2-2 所示。

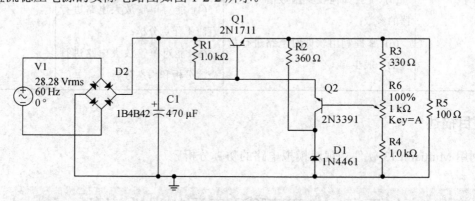

图 1-2-2　直流稳压电源的实际电路

三、任务实施

(一) 绘制原理图

1. 新建文档

启动 Multisim 13 后，进入工作界面，出现如图 1-2-3 所示的界面。

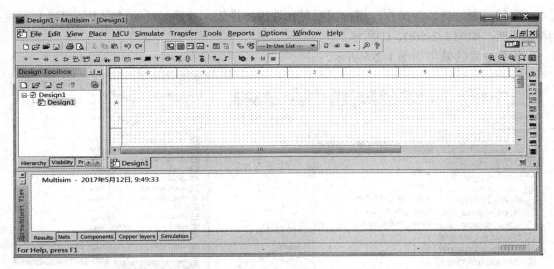

图 1-2-3　Multisim 13 的主窗口界面

软件自动创建一个为 Design1 的文件,单击主工具栏的"File / Save",弹出存储对话框,将文件保存并命名为"直流稳压电源",如图 1-2-4 所示。

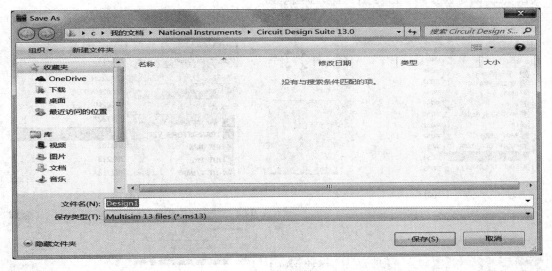

图 1-2-4　文档保存界面

2. 放置元件

(1) 从元件库的"Sources"中调出正弦电压源和接地符号,如图 1-2-5(a)所示。

(2) 从元件库的"Basic"中调出电阻和电解电容,尽量在实际元件模型中选取,如图 1-2-5(b)所示。绿色背景的为虚拟元件模型,而灰色背景的为具有固定标称值的实际元件模型,不可自行赋值。

(3) 从元件库的"Diodes"中调出电桥和稳压管 IN4461,如图 1-2-5(c)所示。

(4) 从元件库的"Transistors"中调出晶体管 2N3391 和 2N1711,如图 1-2-5(d)所示。

单击元件,可以进行移动,也可以单击元件上的标签,调整布局;单击元件,点右键可以进行复制、旋转等操作，根据需要对元件进行排版。放置元件的过程中还可以利用搜索等功能，如图 1-2-5(e)、(f)所示。

放置好后的效果如图 1-2-6 所示。

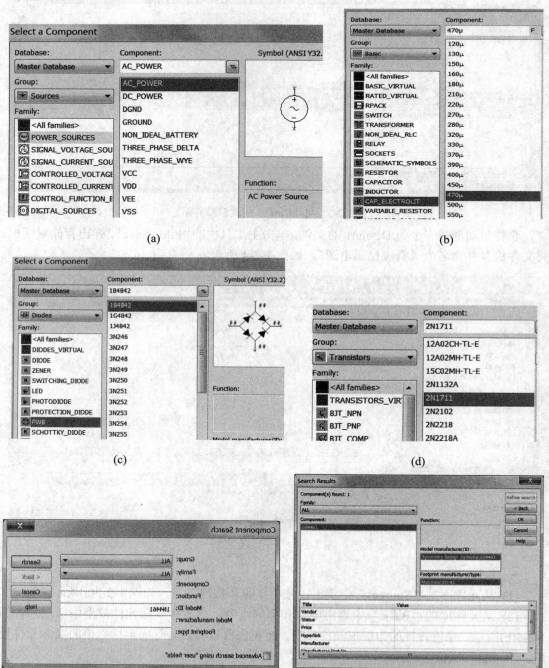

图 1-2-5　放置元件的命令

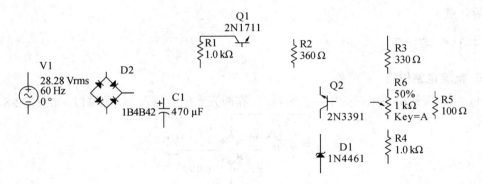

图 1-2-6 元件放置后的电路

3. 设置元件参数

双击需要编辑的元件,在弹出的对话框中按其内容对元件进行设置。下面以正弦电压源的设置为例,需要一个有效值为 20 V,频率为 50 Hz 的正弦电压源 V1。双击电源,弹出"AC_POWER"对话框,在"Label"标签下,设置"RefDes"为 V1;在"Value"标签下,设置"Voltage(RMS)"为 28.28 V,如图 1-2-7 所示。

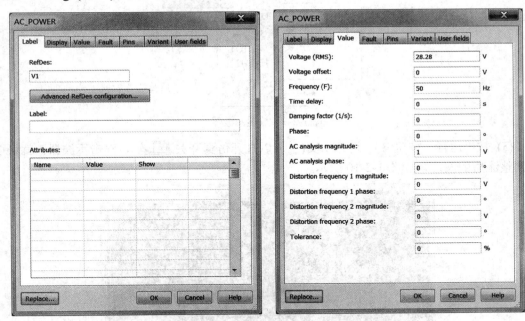

图 1-2-7 设置元件参数

4. 布线

执行"布线"命令,将鼠标停在欲进行连线的元件管脚上,鼠标变成十字形"+",随着鼠标的移动会有虚线出现,在另一节点和管脚处单击鼠标左键确认,虚线变成实线就完成了两点间的连接。在导线相连处,要运行"Place / Junction"来布置交点。

选中导线,单击右键,可删除被选导线,或者改变导线颜色等。

如有断开点,执行"Place / Place Connectors / Input Connector"或者"Output Connector",

放置断开点。

(二) 电路仿真

1. 整流电路仿真

(1) 将二极管电桥以后的电路暂时断开,在断开点放置输入/输出端口,如图 1-2-8 所示。

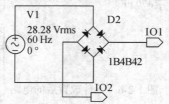

图 1-2-8　放置断开点

(2) 从仪器工具栏中调用示波器(Oscilloscope) ，按图 1-2-9 接入电路中。

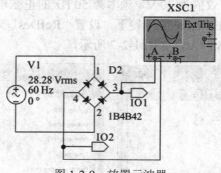

图 1-2-9　放置示波器

(3) 按"运行"按钮 ，运行仿真(也可以打开仿真开关 ），双击示波器,就可以看到整流后的波形,如图 1-2-10 所示。

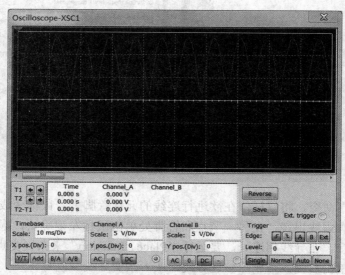

图 1-2-10　整流后的波形

(4) 从仪器工具栏中调用万用表(Multimeter) , 按图 1-2-11 接入电路中。

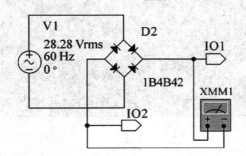

图 1-2-11　放置万用表

(5) 按"运行"按钮 , 运行仿真, 双击万用表, 将模式选为测量直流电压, 测得输出电压值为 25.375 V, 与理论计算值 $0.9U_i = 25.452$ 一致, 如图 1-2-12 所示。

图 1-2-12　电压输出值

2. 滤波稳压后仿真

(1) 按图 1-2-13 所示将示波器连接在电路中, A 通道接在电容滤波后, B 通道接负载 R5。

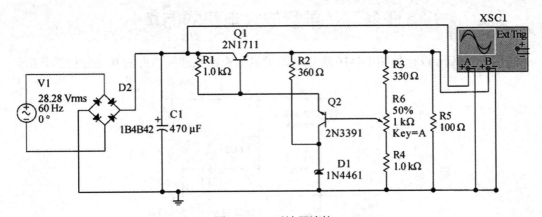

图 1-2-13　示波器连接

(2) 运行仿真, 双击示波器, 调整"Channel A"和"Channel B"的间距"Scale"到合适大小, 可以观察到两个波形, 其中波动较大的即为滤波后的信号, 较平滑的为稳压后供给负载 R5 的信号, 如图 1-2-14 所示。

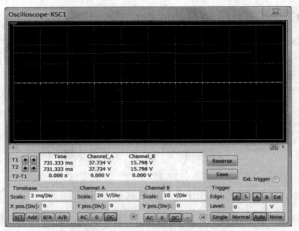

图 1-2-14 示波器波形显示

(3) 调出万用表加在负载两端，并调节 R6 电阻值分别为 0% 和 100%，测得可调电压均值范围为 10.801～21.589 V，与计算值基本一致，如图 1-2-15 所示。

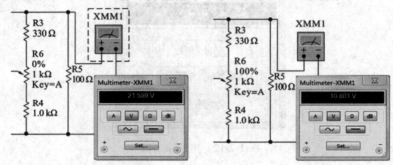

图 1-2-15 输出电压均值

任务二　单管放大电路的仿真

利用 Multisim 设计如图 1-2-16 所示的单管放大电路原理图，并对其进行仿真分析。

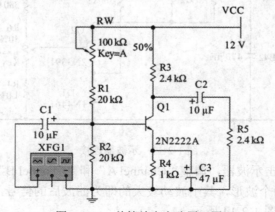

图 1-2-16 单管放大电路原理图

一、任务要求

(1) 学会设置函数信号发生器的参数；
(2) 对单管放大电路进行直流工作点的分析；
(3) 对单管放大电路进行交流分析；
(4) 对单管放大电路进行瞬态分析。

二、知识链接

1. 直流工作点分析

直流工作点分析(DC Operation Point Analysis)也称静态工作点分析，就是求解电路(或网络)仅受电路中直流电压源或电流源作用时，每个节点上的电压及流过电源的电流。在对电路进行直流工作点分析时，电路中交流信号源置零(交流电压源视为短路交流，电流源视为开路)，电容视为开路，电感视为短路，数字器件视为高阻接地。

2. 交流分析

交流分析(AC Analysis)是在正弦小信号工作条件下的一种频域分析，它计算电路的幅频特性和相频特性，是一种线性分析方法。使用 Multisim 进行交流频率分析时，首先分析电路的直流工作点，并在直流工作点处对各个元件做线性化处理，得到线性化的交流小信号等效电路，然后使电路中的交流信号源的频率在一定范围内变化，并用交流小信号等效电路计算电路输出交流信号的变化。在进行交流分析时，电路工作区中自行设置的输入信号将被忽略，也就是说，无论给电路的信号源设置的是三角波还是矩形波，在进行交流分析时都将自动设置为正弦波信号，并分析电路随正弦信号频率变化的频率响应曲线。

3. 瞬态分析

瞬态分析(Transient Analysis)是一种非线性的时域分析，可以在激励信号(或没有任何激励信号)的作用下计算电路的时域响应。分析时，电路的初始状态可由用户自行设置，也可将 Multisim 对电路进行直流分析的结果作为电路的初始状态。瞬态分析的结果通常是分析节点的电压波形，故用示波器可以观察到相同的结果。

三、任务实施

(一) 绘制原理图

新建文件，命名为"单管放大电路"。
按照电路设计图从元件库中调出所需的各类实际元件模型，设置好相应的元件名。

1. 电位器的调用

在 Basic 元件箱中调出电位器 Rw(见图 1-2-17)，双击打开参数设置对话框。单击"Label"标签，可以为电位器设置识别名称；单击"Display"标签，选择需要显示的元件信息；单击"Value"标签，在"Key"区设定调整电位器的大小使用的快捷键，a 表示阻值减少，A 表示阻值增加，每按一次快捷键阻值改变的百分比在"Increment"区设置；单击"Fault"

标签，可以为电位器设置不同的故障，如图 1-2-17 所示。

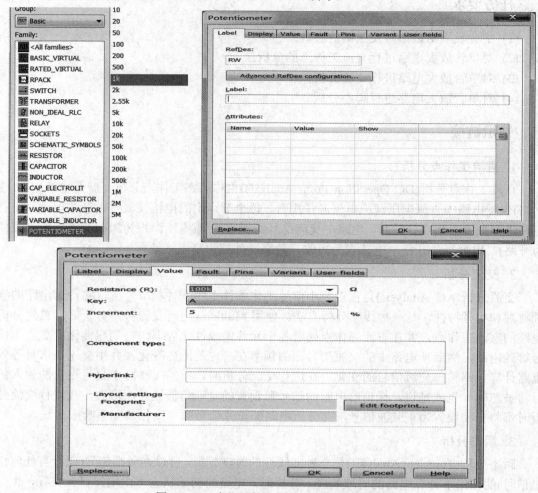

图 1-2-17　电位器的调用和参数设置对话框

2. 函数信号发生器

从仪器工具栏调出函数信号发生器 ，按图连接好电路，双击打开其参数设置面板，如图 1-2-18 所示。

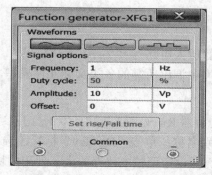

图 1-2-18　函数信号发生器面板

Waveforms 区域用于选择输出信号的类型，这里有正弦波、三角波和方波三种选择。

Signal options 区域可以对信号的频率(Frequency：1 Hz～999 MHz)、占空比(Duty cycle：1%～99%)、幅值(Amplitude：1 μV～999 kV)、偏置值(Offset：-999 kV～999 kV)进行设置。

选择输出信号为方波时，还可以设置信号上升与下降的时间。单击"Set rise/Fall time"按钮，弹出相应对话框，即可在白色方框内设置指数格式的时间，单击"OK"按钮即可确认，Default 为恢复默认的 1.000000e-012 sec，Cancel 为取消设置，如图 1-2-19 所示。

最下方是三个输出端子，其中 Common 是信号公共参考端，对应的三个圆圈内若有一黑点则表示此端子有连接。

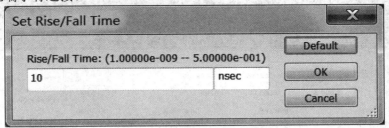

图 1-2-19 上升与下降时间设置

(二) 仿真

1. 示波器观察输出波形

从仪器工具栏中调用示波器，A 通道接输入端，B 通道接输出端，如图 1-2-20 所示。

Multisim 为电路自动安排了节点编号。如果需要显示节点编号，则可按照以下步骤操作：在电路的空白处点击鼠标右键，在菜单中选择"Properties"，在弹出的对话框中启用"Circuit"选项里"Net Name"中的"Show All"复选框，效果如图 1-2-21 所示。

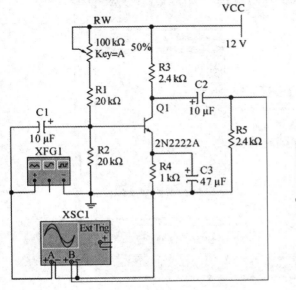

图 1-2-20 示波器连接

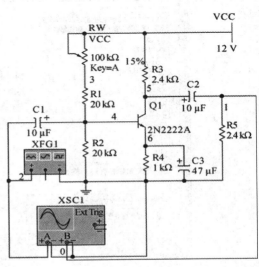

图 1-2-21 显示节点编号

打开仿真开关，使用设置好的快捷键不断改变 Rw 的值，双击示波器观察输出波形，如图 1-2-22 所示。

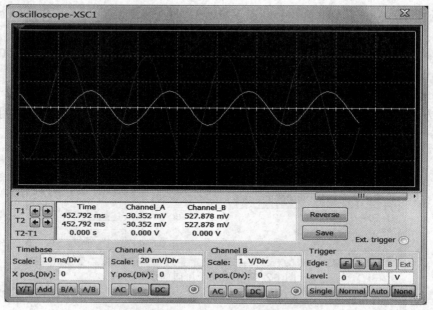

图 1-2-22　输出信号波形

2. 直流工作点分析

该分析类型是在放大电路输入端的交流信号 Ui = 0，电容视为开路的状态下计算静态工作点。执行"Simulate / Analysis / DC Operation Point …"命令，则弹出分析设置(DC Operation Point Analysis)对话框，如图 1-2-23 所示。

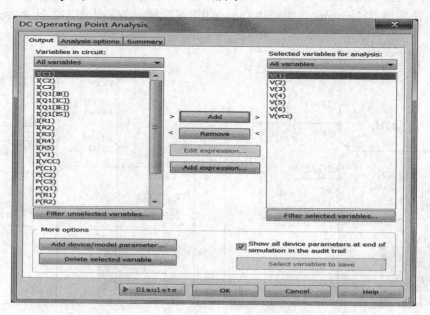

图 1-2-23　"DC Operation Point Analysis"对话框

该对话框包括 Output(输出变量)、Analysis Options(各种性质选项)、Summary(概要)三个选项卡。其中"Analysis Options"选项卡用来设置与分析相关的参数,"Summary"选项卡显示设定的参数和选项,便于用户检查、分析设置的正确性,这两个标签中的内容通常设置为默认即可。

"Output"选项卡用于选定需要分析的节点,选项卡左侧"Variables in circuit"(电路中的变量)列表内列出电路中各节点电压变量和流过电源的电流变量,选项卡右侧"Selected variables for analysis"(被选择用于分析的变量)列表用于存放需要分析的节点。先在左侧"Variables in circuit"下拉列表选中需要分析的变量,可以通过鼠标拖拉进行全选,再单击"Add"按钮,被选择变量则出现在列表"Selected variables for analysis"中,如果"Selected variables for analysis"列表中某个变量不需要分析,则先选中它,然后单击"Remove"按钮,该变量将会回到左侧"Variables in circuit"列表中。

选择好要仿真的变量,单击对话框底部的"Simulate",弹出 Grapher View 窗口,可以看到仿真结果,如图 1-2-24 所示。

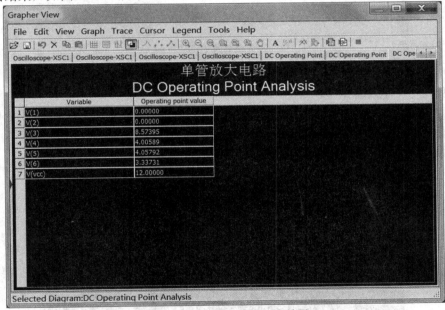

图 1-2-24 直流工作点仿真结果

3. AC Analysis 交流分析

执行"Simulate / Analysis / AC Analysis"命令,则弹出交流分析设置对话框,如图 1-2-25 所示。

(1) Frequency Parameters(频率参数):

① Start frequency(扫描起始频率)默认 1 Hz。

② Stop frequency(扫描终止频率)默认 10 GHz。

③ Sweep type(扫描方式)有三种选择:Decade(十倍程)、Octave(八倍程)、Linear(线性),默认 Decade(十倍程)。

④ Number of points per decade(每十倍频采样点数)默认 10。

⑤ Vertical scale(垂直比例)有四种选择：Linear(线性形式)、Logarithmic(对数形式)、Decibel(分贝形式)、Octave(八倍程形式)，默认对数形式。

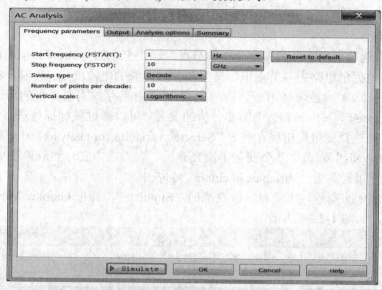

图 1-2-25　AC Analysis 对话框

(2) Output：选择节点 1。

各项设置完成后，单击"Simulate"按钮，得到交流分析结果，包括幅频特性和相频特性在内的频率响应，如图 1-2-26 所示。

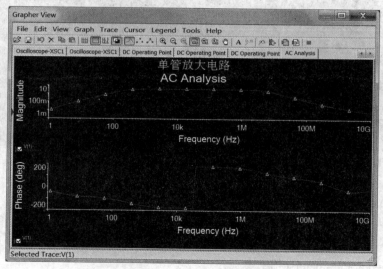

图 1-2-26　交流分析结果

4. 瞬态分析

此项分析电路的时域响应，初始状态可以设定，分析结果以某节点的电压波形表示。执行"Simulate / Analysis / Transient Analysis"命令，则弹出瞬态分析设置对话框，如图 1-2-27 所示。

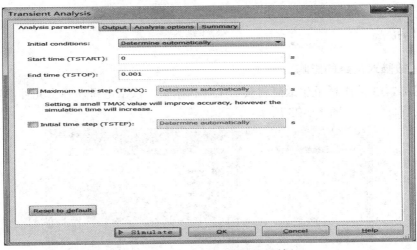

图 1-2-27 瞬态分析设置对话框

(1) Analysis parameters：

① Initial conditions(初始条件)有四种方式可供选择：Set Zero(设为零)、User Defined(用户自定义)、Calculate DC Operate Point(计算直流工作点)、Determine Automatically(自动检测)。

② Start time(起始时间)：分析开始的时间。

③ End time(终止时间)：分析结束的时间，要考虑输入信号的周期，本任务的输入信号为 1 kHz，则周期为 1 ms，若将终止时间设置为 0.01 s，就会在分析结果中显示 10 个周期的信号。

④ Maximum time step (最大时间步长设置)有三种方案供选择：Minimum number of time point(选择它即可输入最小的时间点数)，Maximum time step(选择它可以设置最大时间步长)，Generate time steps automat(自动生成时间步长)，本任务选择自动生成时间步长即可。

(2) Output：选择节点 1 和 2。

本任务输入信号频率为 1 kHz，幅值 2 mV。各项设置完成后，单击"Simulate"，得到瞬态分析结果，显示输入信号和输出信号的电压波形，如图 1-2-28 所示。

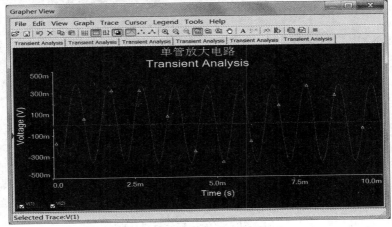

图 1-2-28 瞬态分析结果

四、拓展与提高

1. 电桥故障对电路的影响

假如图 1-2-13 的电桥发生故障将会产生什么结果？双击电桥，弹出元件参数对话框，点选故障设置标签，如图 1-2-29 所示。

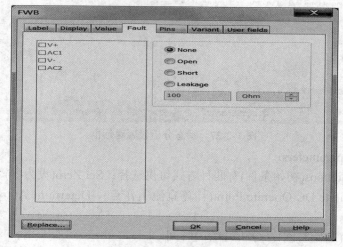

图 1-2-29 故障设置标签

分别选择不同故障类型，观察输出结果。

2. 元件参数变化对输出的影响

电路中元件参数的变化会影响输出的结果。Multisim 中的扫描分析，按设定好的数据分析元件参数变动对输出的影响，包括直流扫描分析、参数扫描分析和温度扫描分析。

(1) 直流扫描分析：分析在不同的直流电源作用下直流工作点的大小。执行"Simulate / Analysis / DC Sweep…"命令，弹出直流扫描分析对话框，如图 1-2-30 所示。试分析本任务中，Vcc 在 0～12 V 之间变化时，各输出节点电位受到的影响。

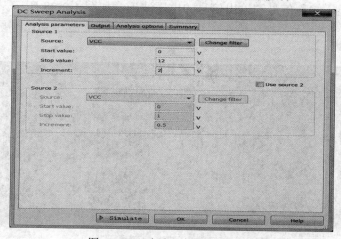

图 1-2-30 直流扫描分析对话框

(2) 参数扫描分析：分析晶体管、电阻、电容等元件参数的改变对电路性能的影响。执行"Simulate / Analysis / Parameter Sweep…"命令，在弹出的对话框中进行相关设置，如图 1-2-31 所示。它有三种分析方法可以选择，即直流工作点分析、交流分析和瞬态分析。试分析当 R1 取不同值时，节点 1 的瞬态分析结果。

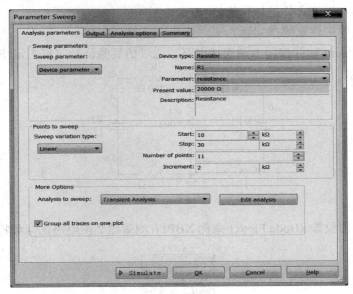

图 1-2-31　参数扫描分析对话框

(3) 温度扫描分析：仅针对电路中一些参数会随温度变化而发生改变的元件(如电阻、三极管等)而言，分析温度对电路性能的影响。执行"Simulate / Analysis / Parameter Sweep…"命令，在弹出的对话框进行设置，输出变量选择节点 1，如图 1-2-32 所示。观察分析后显示的波形，得出温度的变化对输出的影响。

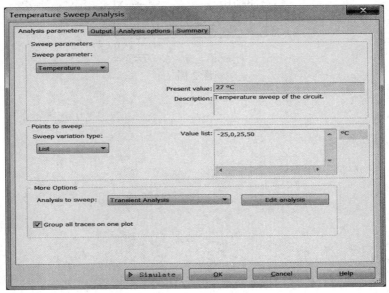

图 1-2-32　温度扫描分析对话框

习　　题

1. 如何替换和设置元件的标称值。
2. 线路连接时应注意哪些问题？
3. 利用 Multisim 软件按题 1 图连接电路，通过仿真验证基尔霍夫定律的正确性。

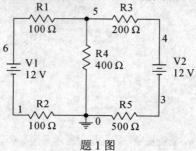

题 1 图

4. 调用波特图仪 (Bode Plotter 或称 XBP1)，测量题 2 图电路的幅频特性和相频特性。

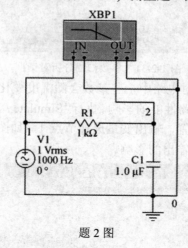

题 2 图

项目三　Multisim 13 在数字电路中的应用

❖ **学习内容与学习目标**

项目名称	学习内容	能力目标	教学方法
认识软件 Multisim 13	(1) 掌握二十四进制与六十进制计数器的设计电路及工作原理； (2) 掌握 555 多谐振荡器及分频器的设计电路及工作原理； (3) 学会调用元件库； (4) 学会使用仪器工具栏中的逻辑分析仪； (5) 学会设置逻辑分析仪的参数； (6) 掌握利用软件对电路进行仿真的一般步骤	(1) 能正确分析电路原理； (2) 能正确调用元件库中的元件，绘制二十四进制与六十进制计数器电路原理图； (3) 能正确调用、使用仪器工具栏中的逻辑分析仪； (4) 能对数字钟电路进行仿真分析	教学做一体化实操实训为主

❖ **项目描述**

利用 Multisim 13 软件实现对数字钟的设计与仿真分析。

任务一　二十四进制与六十进制计数器的设计与仿真

一、任务要求

(1) 熟悉芯片 74160 各引脚的功能；
(2) 掌握二十四进制计数器和六十进制计数器的设计原理和方法；
(3) 了解从 TTL 数字集成电路库调用 74 系列集成器件进行电路仿真时的注意事项；
(4) 从 TTL 数字集成电路库以及指示器件库调用所需元件绘制二十四及六十进制计数器的电路图；
(5) 从仪表工具栏中调用逻辑分析仪，进行波形分析；
(6) 编写任务报告。

二、知识链接

(一) 元件库及芯片介绍

1. TTL 数字集成电路库

TTL 数字集成电路库的元件，可用来处理放大各种模拟信号，包含 74 系列的数字集成器件，仿真时必须接 Vcc 和数字接地端，这点要特别注意。本次任务使用的 74160N 就是从 TTL 的标准系列中调用的，如图 1-3-1(a)所示。

2. 指示器件库

指示器件库里的器件都是用来反映仿真结果的，也称为交互式元件，计数器的计数结果可以调用其中的七段数码管来观察，如图 1-3-1(b)所示。

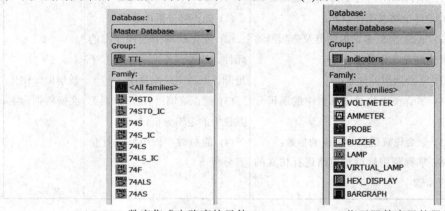

(a) TTL 数字集成电路库的元件　　　　(b) 指示器件库里的器件

图 1-3-1　TTL 数字集成电路库及指示器件库

3. 74160N 芯片

这是一块具有异步清零、同步置数、计数和保持四种功能的集成十进制计数器，其逻辑符号如图 1-3-2 所示。

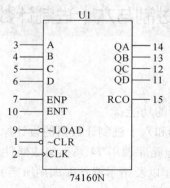

$\overline{\text{CLR}}$ —异步清零端数；$\overline{\text{LOAD}}$ —预置数控制端；ENT、ENP—计数控制端；CLK—时钟信号端；
A～D—预置数据输入端；RCO—进位输出端；QA～QD—并行输出端

图 1-3-2　74160N 芯片引脚

本次任务需要用到它的计数功能，QA～QD 并行输出按 8321BCD 码加法计数。

4. 七段数码管

选择具有四引脚的七段数码管，HCD_HEX，依次与 QA～QD 由低位到高位连接起来，将计数结果转换成可视界面。

(二) 二十四进制计数器的设计及原理

计划采用两片 74160N 芯片级联，将 U2 作为个位接成十进制计数器，U1 作为十位接成三进制计数器。起初，U2 作为个位开始，从 0 计到 9，在到达 9 时 RCO 将输出一高电平即进位输出，把这个高电平信号送给 U1 的 ENT 和 ENP 后，U1 也开始计数。当计数达到 23 准备显示 24 时需要对计数器清零，不再继续计数，可知 U1 和 U2 的状态分别为 0010 和 0100，此时可以在电路中加入一个两输入端的与非门(这里采用一块 74LS00 芯片)，将 U1 的 QB 和 U2 的 QC 同与非门的两输入端相连，便将输出接 $\overline{CLR}$ 端，实现清零，又从 00 开始计，由于人眼的视觉延迟效果，看上去就是 00～23 了，电路图如图 1-3-3 所示。

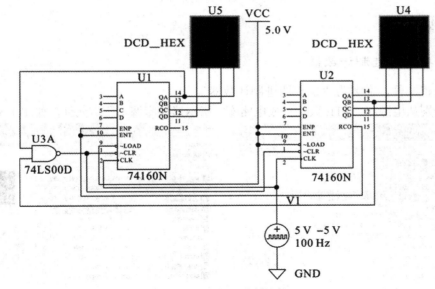

图 1-3-3　二十四进制计数器

(三) 六十进制计数器的设计及原理

六十进制计数器的原理与二十四进制计数器大同小异，仍然采用两片 74160N 芯片，个位还是十进制计数，而十位则要实现六进制计数才行。当计数达到 59 准备显示 60 时需要对两块芯片清零，由于个位十进制计数向十位进位的同时自动回到 0 开始计数，则只需考虑十位部分。此时 U4 的状态跳变为 0110，将其与 QB、QC 同与非门两输入端相连，再把输出送入 $\overline{CLR}$ 端即可实现清零。然而，由于此时 U4 是由 0101 跳变到 0110，同时有两位跳变会产生竞争冒险，计数到 39 就清零了。因此需要对电路做些改进，即不直接接与非门，而先将 QB、QC 信号送入与门延迟后，再接非门，这样就能顺利地实现 00～59 计数了，如图 1-3-4 所示。

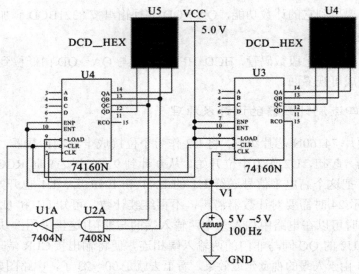

图 1-3-4 六十进制计数器

三、任务实施

（一）二十四进制计数器

（1）新建文件，命名为"二十四进制计数器"。

（2）分别从电源库、TTL 数字集成电路库、指示器件库调出所需元件，如图 1-3-5 所示。

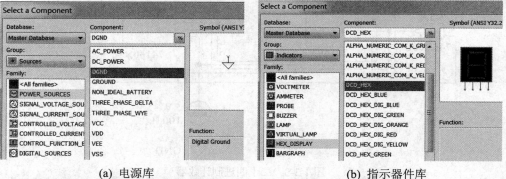

(a) 电源库　　　　　　　　(b) 指示器件库

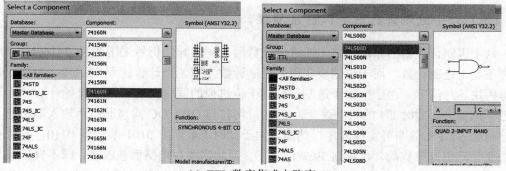

(c) TTL 数字集成电路库

图 1-3-5 元件调用

(3) 按照图 1-3-6 所示连接电路，并设置各元件的参数。

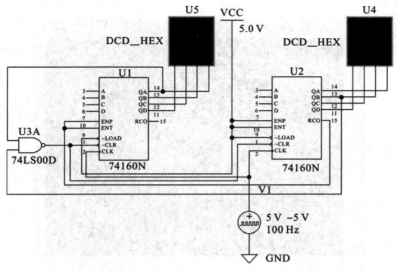

图 1-3-6　二十四进制电路

(4) 打开仿真开关，观察数码管显示是否准确。

(5) 从仪器工具栏调用逻辑分析仪 ，进行波形分析。逻辑分析仪有 16 个信号输入端，从上至下为最低位至最高位，可同时监测电路工作时多个信号的时序，并用波形图的方式直观地表达出来。

(6) 本次仿真取八路信号通道，依次接 U1 和 U2 的 QA～QD 四个输出端，按图 1-3-7(a) 所示接好线路，双击相应导线设置信号名称，对 U1 从高位到低位设为 Q1D、Q1C、Q1B、Q1A，对 U2 从高位到低位设为 Q2D、Q2C、Q2B、Q2A，如图 1-3-7(b)所示。

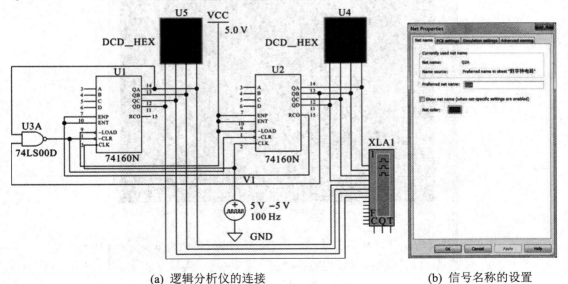

(a) 逻辑分析仪的连接　　　　　　　　　(b) 信号名称的设置

图 1-3-7　逻辑分析仪的连接及信号名称的设置

(7) 双击逻辑分析仪，打开分析面板。有信号输入的端子在面板左侧对应圆圈中有一个点，并且与之前设置好的信号名一一对应，表示此处将显示该逻辑信号的波形，如图1-3-8所示。

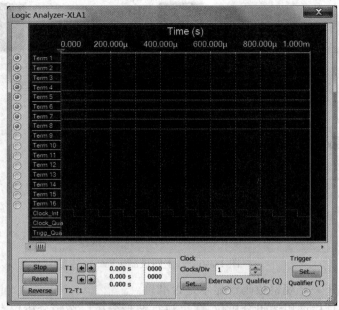

图 1-3-8　逻辑分析仪面板

(8) 打开仿真开关，将时间轴刻度，按 $2n(n = 0, 1, 2, \cdots, 7)$ 调整到合适大小，以便观察时间 t 内各路信号的时序变化情况，如图 1-3-9 所示。

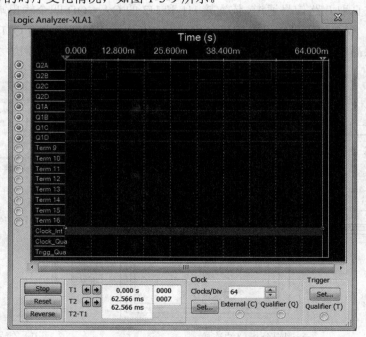

图 1-3-9　时间轴刻度设置

单击"Set"按钮可以进行时钟设置：Clock Source(设置时钟源)、Clock Rate(设置时钟频率)、Sampling Setting(样本设置)，其中，样本设置项目里又包含 Pre-trigger Samples(触发前采集样本数)、Post-trigger Samples(触发后采集样本数)、Threshold Voltage(起始电压)。

(9) 拖动蓝色(左侧)指针读取指针所处位置的时间 T1，拖动黄色(右侧)指针可读取指针所处位置的时间 T2，还可以直接读取 T1 与 T2 的时间差，如图 1-3-10(a)所示。

(10) 指针所处位置的逻辑读数，亦可从面板上直接读取，采用 4 位十六进制。

例如，从蓝色(左侧)指针所处位置的波形图可以看出，此处时序从高位到低位应为 00000001，无信号输入默认为 0(即 Term9～Term16 为 00000000)，因此其 4 位十六进制逻辑读数是 0001，再比如黄色(右侧)指针所处位置时序从高位到低位为 00000101，此处逻辑读数为 0005，如图 1-3-10(b)所示。

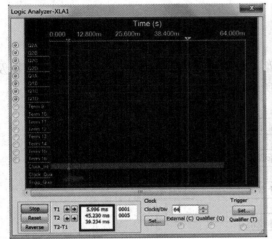 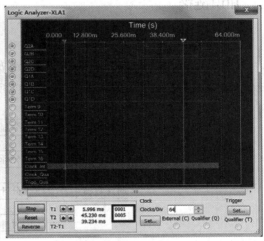

(a) 时间读数　　　　　　　　　　(b) 逻辑读数

图 1-3-10　时间读数和逻辑读数

(二) 六十进制计数器

(1) 新建文件，命名为"六十进制计数器"；
(2) 分别从电源库、TTL 数字集成电路库、指示器件库调出所需元件；
(3) 按照图 1-3-4 所示连接电路，并设置各元件的参数；
(4) 打开仿真开关，观察数码管显示是否准确；
(5) 从仪器工具栏调用逻辑分析仪 ，进行波形分析。

任务二　数字钟的设计与仿真

一、任务要求

学习目标：

(1) 熟悉数字钟系统框架；

(2) 掌握数字钟的设计思路；

(3) 掌握数字钟的整体电路设计及仿真。

工作任务：

(1) 设计一数字钟电路，时计数器采用二十四进制，秒和分计时器采用六十进制；

(2) 掌握利用 555 多谐振荡器产生 1 kHz 信号的电路，并利用分频器电路产生秒脉冲信号；

(3) 设计校时电路部分；

(4) 编写任务报告。

二、知识链接

(一) 数字钟电路总体构架

数字钟电路可以划分为脉冲信号电源电路、分频器电路、校时电路、计数器电路以及译码显示电路五部分，总体构架如图 1-3-11 所示。

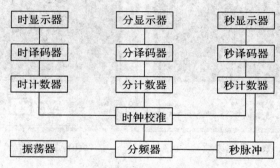

图 1-3-11 数字钟总体构架

(二) 总体设计思路

首先利用 555 多谐振荡器产生 1 kHz 的信号送入分频器，分频器得到 1 Hz 的脉冲信号。然后将这个脉冲信号送入秒计数器开始计时，计时结果由秒译码器显示。每计到 60 秒向分计数器发送脉冲信号，启动分计数器计时，计时结果由分译码器显示。接着分计数器每计到 60 时，又向时计数器发送时脉冲信号，启动时计数器计时。时计数器由二十四进制计数器构成，计数到 24 清零，重新开始新一轮的计数，另外，计时出现误差时利用校时控制电路实现快速校准。

(三) 数字钟的工作原理

1. 脉冲信号源电路

秒脉冲信号的产生由 555 多谐振荡器实现，它是一种自激振荡器，在外加电阻和电容，并提供给它 5 V 的直流电源后，即可产生两个交替变化的暂稳态，输出一定频率的、连续的矩形脉冲信号，如图 1-3-12 所示。

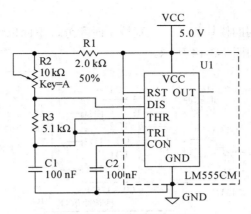

图 1-3-12　555 多谐振荡器

欲得到振动频率 $f = 1\text{ kHz}$ 的矩形脉冲，电容和电阻的选取可通过振荡频率的公式估算：

$$f = \frac{1}{T}$$

两个暂态持续的时间分别为 T1 和 T2，振荡周期 T = T1 + T2。其中 T1 = 0.7(R1 + R2 + R3)C1，T2 = 0.7R3·C1。分析估算后，本设计可取：

$$R1 = 2\text{ k}\Omega,\ R2 \approx 1.9\text{ k}\Omega,\ R3 = 5.1\text{ k}\Omega$$

2. 分频器

分频器在本次设计电路中的作用之一是将 1 kHz 的矩形波信号分频，产生 1 Hz 的秒脉冲信号，作用之二则是提供校时电路所需信号，如图 1-3-13 所示。

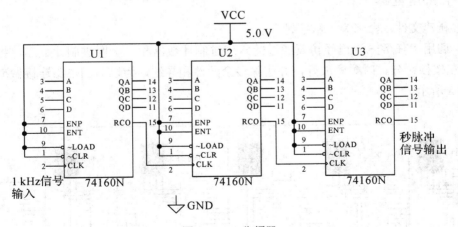

图 1-3-13　分频器

在该模块中，3 块 74160N 芯片，按上图所示接成十进制计数器，1 kHz 的信号输入每经过一级，输出信号的频率变为原来的 1/10，这样经过三级分解后得到 1 Hz 的脉冲信号。

3. 计数器计时电路

秒计数器和分计数器都采用 74160 芯片接成六十进制计数器，时计数器采用 74160 芯片接成二十四进制计数器。

4. 校时电路

校时电路由两个相同的模块构成，分别校正时和分，下面以校正时的校时电路为例来阐述其电路原理，电路如图 1-3-14 所示。

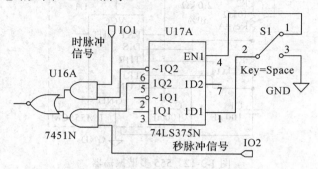

图 1-3-14　校时电路

它主要是由 7451N 与或非门和 74LS375N 四位双稳态锁存器两部分组成的控制电路。开关 S1，合到 1 端时，74LS375N 置 1，时脉冲信号通过 7451N 与或非控制门电路，而秒脉冲信号此时不可通过，数字钟正常工作。开关 S1 合到 2 端时，74LS375N 置 0，此时秒脉冲信号通过 7451N 与或非控制门电路，而正常计时的时脉冲信号却不能通过，这样一来，时计数器成为秒计数器，实现快速校准。

三、任务实施

（一）搭建电路

(1) 新建文件，命名为"数字钟"。

(2) 调用"任务一"已经仿真通过的六十进制计数器和二十四进制计数器，将它们按从右至左按秒、分、时顺序放好，并删除多余元件和导线，为以后的电路连接做准备，如图 1-3-15 所示。

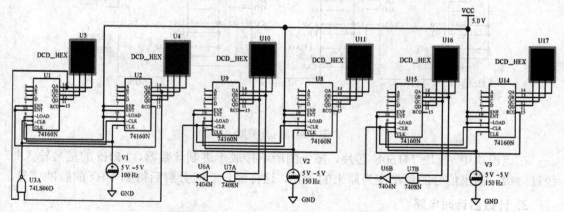

图 1-3-15　秒、分、时计数译码显示电路

(3) 搭建秒脉冲产生电路，即 555 多谐振荡器和分频器，如图 1-3-16 所示。

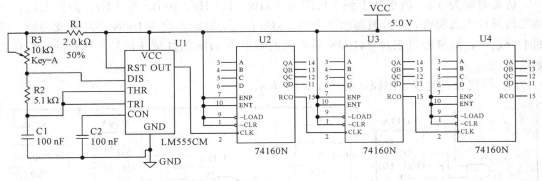

图 1-3-16 秒脉冲产生电路

调用逻辑分析仪，观察产生的脉冲波形是否与理论分析的结果相符，如图 1-3-17 所示。

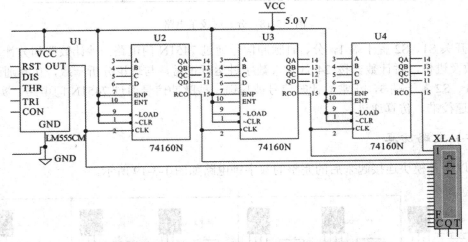

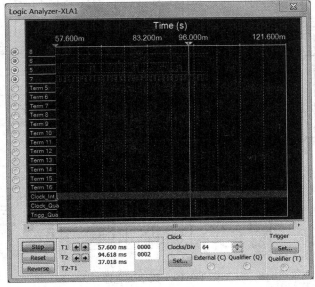

图 1-3-17 仿真结果

仿真时间为 1 s，波形从上到下依次为 1 kHz、100 Hz、10 Hz 和 1 Hz，观察发现仿真结果与预计大致符合，多谐振荡器产生的 1 kHz 信号，每经一次 74160N 芯片就变为前一级的十分之一，这样经过三片 74160N 后得到的频率为 1Hz 的秒脉冲信号，秒脉冲信号仿真通过。

(4) 搭建分、时校正电路，如图 1-3-18 所示。

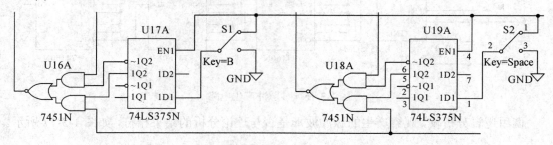

图 1-3-18　分、时校正电路

将开关 S1、S2 置于端 1，分、时脉冲信号通过 7451N 门电路，秒计数器和分计数器按 60 计数及进位，时计数器按 24 计数，数字钟运行正常，与理论分析一致，仿真通过；将开关 S1、S2 置于端 3，正常的计时信号被封锁，秒脉冲信号通过 7451N 门电路，实现分、时的快速校准，仿真通过。

(二) 电路仿真

将以上各模块连接起来后的完整的数字钟电路如图 1-3-19 所示。

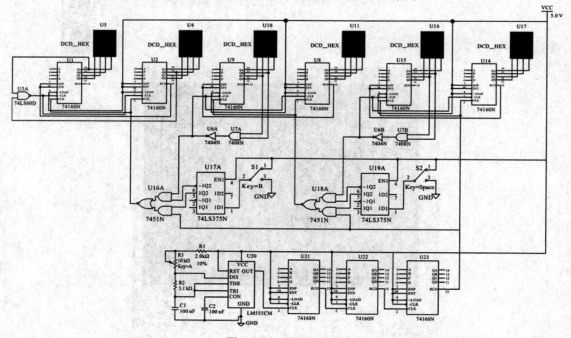

图 1-3-19　数字钟电路

四、拓展与提高

(1) 事实上，555 多谐振荡器是有缺陷的，它的振荡频率不稳定，容易受温度、电压波动以及 RC 参数误差的影响，若对秒脉冲信号的精度要求很高，则就要用石英晶体振荡器来代替 555 多谐振荡器，它的频率只取决于石英晶体的固有频率 f_0 而与 RC 无关。首先由石英晶体振荡器产生 f=32 768 Hz 的基准信号，再经过十五级二分频即可得到稳定性很高的秒脉冲信号。石英晶体振荡器电路可参考图 1-3-20。

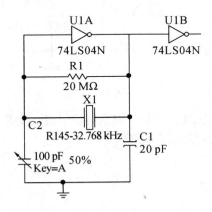

图 1-3-20　石英晶体振荡器电路

(2) 将 74160 芯片替换为 74LS90 芯片，重新设计一时间可以校准的数字钟电路。

(3) 为数字钟电路附加一整点报时功能，要求当计到 59 分 50 秒时驱动音响电路，10 秒内发出四低一高的鸣叫声，每隔一秒鸣叫一次，最后一次音调高。

习　题

1. 在 Multisim 13 电路窗口中创建由两片 74LS148 构成的 16 线-4 线优先编码器，并用二极管显示编码结果。

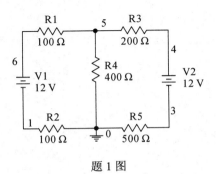

题 1 图

2. 对射极跟随器电路(见题 2 图)进行直流工作点分析、瞬态分析、电路参数扫描分析以及灵敏度分析。

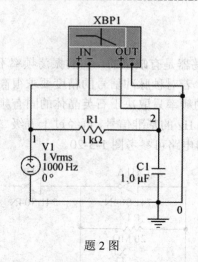

题 2 图

3. 设计并仿真一自动控制的十字路口的交通信号灯，要求：红、绿灯状态都从 60 秒开始递减，黄灯状态从 3 秒开始递减并闪烁。

第二部分

Protel DXP 电路图的制作

项目四 三极管流水灯的绘制

❖ 学习内容与学习目标

项目名称	学 习 内 容	能 力 目 标	教学方法
流水灯的绘制	(1) Protel DXP 的设计管理器及参数设置； (2) Protel DXP 的文件管理； (3) 原理图环境的设置； (4) 设置原理图环境参数，新建原理图文档； (5) 绘制简单原理图； (6) 原理图的电气规则检查、原理图的输出及打印	(1) 能够完成项目工程文件和原理图文件的新建； (2) 能正确设置原理图的设计环境； (3) 能正确绘制简单原理图； (4) 能进行原理图电气规则检查	教学做一体化实操实训为主

❖ 项目描述

随着科学技术的发展，电力电子设备与人们的工作、生活的关系日益密切，各种小套件层出不穷，功能多样。本项目所设计的流水灯是学习电子设计的入门电路。其电路简单、制作方式容易，初学者能在学习中感受电子技术带来的乐趣。通过本项目的学习，我们可以学会利用 Protel DXP 来绘制电路原理图，这是实现电子制作的第一步。

在电路接通电源后，三个发光二极管顺序地逐个被点亮并循环往复，当三个发光二极管闪亮的速度合适的时候，由于人眼的视觉惰性，产生了三个发光二极管连续闪亮如流水的感觉。

按照设计要求，绘制如图 2-4-1 所示的三极管流水灯原理图。

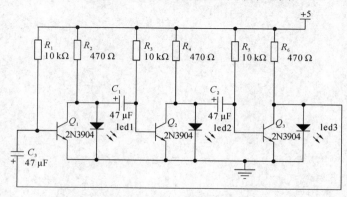

图 2-4-1 三极管流水灯

一、项目要求

创建 Protel 项目工程文件，文件名：三极管流水灯.PrjPCB。在该工程中创建原理图文件：三极管流水灯原理图.SchDoc。设定图纸大小为 A4(297 mm × 210 mm)，图纸栅格：snap = 10 mil、visible = 10 mil；其他参数默认。完成原理图设计后按默认设置进行电气规则检查(ERC)。

二、知识链接

(一) Protel DXP 简介

Protel DXP 是一款 EDA(Electronic Design Automation，电子系统设计自动化)设计软件，主要用于电路设计、电路仿真和印制电路板(PCB)的设计，同时还提供了超高速集成电器硬件描述语言(VHDL)的设计工具进行现场可编程门阵列(FPGA)设计。

1. Protel 的发展简史

20 世纪 80 年代，澳大利亚 Protel 公司推出了 DOS 版 PCB 设计软件，它支持原理图及 PCB 的设计和打印输出，当升级版 Protel for DOS 引入中国内地后，因其方便、易学、实用的特点得到了广泛的应用。进入 20 世纪 90 年代以后，随着个人计算机硬件性能的提高和 Windows 操作系统的推出，Protel 公司于 1991 年发布了世界上第一个基于 Windows 环境的 EDA 工具，奠定了其在桌面 EDA 系统的领先地位。1998 年，Protel 公司推出 Protel 98，将原理图设计、PCB 设计、无网格布线器、可编程逻辑器件设计和混合电路模拟仿真集成于一体化设计环境中。随后又推出了 Protel 99 及 Protel 99 SE 等产品。2002 年，该公司更名为 Altium 公司，又推出 Protel DXP(Design Explorer)。Protel DXP 与以前的 Protel 99 SE 相比，在操作界面和操作步骤上有了很大的改进，用户界面更加友好、直观，用户操作更加便利。2003 年推出的 Protel 2004 软件，是对 Protel DXP 的进一步完善。2005 年又推出了 Altium Designer 系列，此后基本每年都推出新版本。考虑到目前 Protel DXP 版本在一般的电子企业和院校中仍广泛使用，其本身对软、硬件要求不高、方便易学，后续也比较容易向 Altium Designer 系列高端版本过渡，所以本书选用 Protel DXP 2004 作为实例讲解。

2. Protel DXP 的组成

Protel DXP 主要由原理图(Schematics)设计模块、电路仿真(Simulate)模块、PCB 设计模块和 CPLD / FPGA 设计模块组成。

原理图设计模块主要用于电路原理图的设计，生成 SchDoc 文件，为 PCB 的设计做前期准备工作，也可以用来单独设计电路原理图或生产线使用的电路装配图。

电路仿真模块主要用于电路原理图的仿真运行，以检验/测试电路的功能/性能，可以生成.sdf 和.cfg 文件。对设计电路引入虚拟的信号输入、电源等电路运行的必备条件，让电路进行仿真运行，观察运行结果是否满足设计要求。

PCB 设计模块主要用于 PCB 的设计，生成的 PcbDoc 文件将直接应用到 PCB 的生产中。

CPLD/FPGA 设计模块可以借助 VHDL 描述或绘制原理图方式进行设计，设计完成之后，提交给产品定制部门来制作具有特定功能的元件。

3. Protel DXP 的特点

Protel DXP 中引入了集成库的概念，Protel DXP 附带了 68 000 多个元件的设计库，大多数元器件都有默认的封装，用户既可以对原封装进行修改，也可以在 PCB 库编辑器设计所需要的新封装。

Protel DXP 有 74 个板层设计可供使用，包括 32 层 Signal(信号层)、16 层 Mechanical(机械层)、16 层 Internal Plane(内电层)、2 层 Solder Mask(阻焊层)、2 层 Paste Mask(锡膏层)、2 层 Silkscreen(丝印层)、2 层 Drill Layer(钻孔层，钻孔引导和钻孔冲压)、1 层 Keep Out(禁止布线层)和 1 层 Multi Layer(多层)。

Protel DXP 采用了改进型 Situs Topological Auto Routing 布线规则。这种改进型的布线规则以及内部算法的优化都大大地提高了布线的成功率和准确率。这也在某种程度上减轻了设计负担。

Protel DXP 中的高速电路规则也很实用，它能限制平行走线的长度，并可以实现高速电路中所要求的网络匹配长度的问题，这些都能让设计高速电路变得相对容易。在需要进行多层板设计的情况下，只需在层管理器中进行相关的设置即可。用户可以在设计规则中制定每个板层的走线规则，包括最短走线、水平、垂直等，一般来讲，只要布局适当，进行完全自动布线一次性成功率很高。

Protel DXP 不仅提供了部分电路的混合模拟仿真，而且提供了 PCB 和原理图上的信号完整性分析。混合模拟仿真包括真正的混合，混合电路模拟器电路图编辑的无缝集成，使得在设计时就可以直接从电路图进行模拟和全面的分析，包括 AC(交流电)小信号分析、瞬态分析、噪声和 DC(直流电)扫描分析，还包括用来测试元件参数变化和公差影响的元件扫描分析和 Monte Carlo(蒙特卡罗)分析等。

信号完整性分析能够在软件上模拟出整个电路板各个网络的工作情况，并且可以提供多种优化方案供设计时选择。这里的信号完整性分析是属于模拟级别的，分析的是设计需要的 EMC(电磁兼容)、EMI(电磁干扰)及串扰的参数，而且这些分析是完全建立在 Protel DXP 所提供的强大的集成库之上的。大到 IC(Integrated Circuit，集成电路)元件，小到电阻、电容，都有独自的仿真模型参数。混合模拟分析和完整性分析的结果以波形的形式显示出来，且波形的计算算法均较以前版本有较大的优化。同时也可以建立设计的库元件设置模拟参数。总之，信号完整性分析给设计带来了很大的方便，提高了一次性制作 PCB 的成功率。

为了实现真正的、完整的板级设计，Altium 公司提出了 Live-Design-Enabled 的平台概念，这个平台实现了 Altium 软件的无缝集成。它集成了当今很流行的可设计 ASIC(专门应用集成电路)的功能，并提供了原理图和 VHDL 混合设计的功能，而且所有设计 I/O 的改变均可返回到 PCB，使 PCB 上相应的 FPGA 芯片 I/O 发生改变。

Protel DXP 支持更完美的 3D 预览功能，在 PCB 加工之前就可以从各个角度观看 PCB 及焊装元件后的"实物"概况。

(二) Protel DXP 的主窗口

Protel DXP 启动后的主窗口如图 2-4-2 所示。

第二部分　Protel DXP 电路图的制作

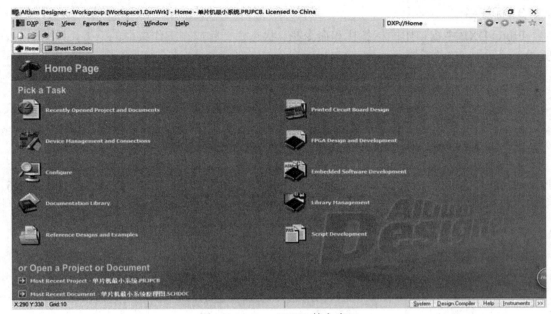

图 2-4-2　Protel DXP 的主窗口

从图中可以看出，和所有的 Windows 软件一样，Protel DXP 的主窗口里也有菜单栏、工具栏、状态栏和工作面板。此外，Protel DXP 还多了几个标签栏，分布于主窗口周围。

1. 菜单栏和工具栏

Protel DXP 主窗口中的菜单栏具有系统设置、参数设置、命令操作和提供帮助等各项功能，同时也是用户启动和优化设计的主要入口之一；利用 Protel DXP 主窗口中的工具栏可以打开已经存在的文档和项目，也可以将已经打开的文档在项目中进行删除、添加等操作。Protel DXP 的菜单栏和工具栏如图 2-4-3 所示。

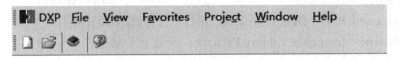

图 2-4-3　Protel DXP 的菜单栏和工具栏

2. 命令栏和状态栏

和所有的 Windows 软件一样，Protel DXP 主窗口的命令栏和状态栏位于主窗口的下方，主要用于显示当前的工作状态和正在执行的命令。利用 View 菜单可以打开和关闭命令栏和状态栏，如图 2-4-4 所示。

图 2-4-4　View 菜单

3. 标签栏

Protel DXP 主窗口中的标签栏和命令栏、状态栏一起放在工作桌面的下方，如图 2-4-5 所示。

图 2-4-5 标签栏

为了设计的方便，Protel DXP 的窗口左右两边放置了常用的标签。单击后，屏幕上会弹出对应的工作面板。例如，单击"System / Files"标签，会出现 Files 工作面板，如图 2-4-6 所示。也可以在"View / Workspace Panels / System"子菜单中设置左右标签。

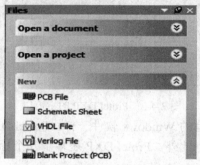

图 2-4-6 Files 工作面板

4. 工作窗口

工作窗口位于 Protel DXP 主窗口的中间，常用的链接区域有：

(1) Pick a Task：选取一个任务。

(2) Create a new Board Level Design Project：新建一个板级设计项目。

(3) Create a new FPGA Design Project：新建一个 FPGA 设计项目。

(4) Create a new Integrated Library Package：新建一个集成库。

(5) Display System Information：显示系统信息。

(6) Customize Resources：系统资源个性化设置。

(7) Configure Licenses：配置许可认证。

(8) Open a project or document：打开一个项目或文档。

(9) Most recent project：打开最近的项目。

5. 工作面板

Protel DXP 具有大量的工作面板，设计者可以通过工作面板进行打开文件、访问库文件、浏览各个设计文件和编辑对象等操作。工作面板分为两大类：一类是在各种编辑环境下都适用的通用面板，如 Library(库文件)面板和 Project(项目)面板；另一类是在特定的编辑环境下适用的专用面板，如 PCB 编辑环境中的导航器(Navigator)面板。

1) 面板的三种显示方式

(1) 自动隐藏方式。刚进入各种编辑环境时，工作面板都处于自动隐藏方式下。若需显示某一工作面板，可以将鼠标指针指向相应的标签或者单击该标签，工作面板就会自动弹出；当鼠标指针离开该面板一定时间或者在工作区双击后，该面板又自动隐藏，如图 2-4-7 所示。

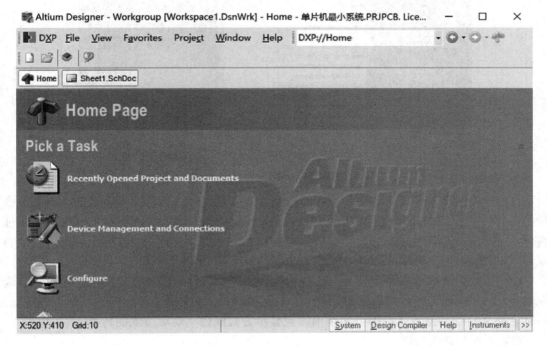

图 2-4-7　面板自动隐藏方式

(2) 锁定显示方式。处于这种方式下的工作面板，无法用鼠标拖动，如图 2-4-8 所示。

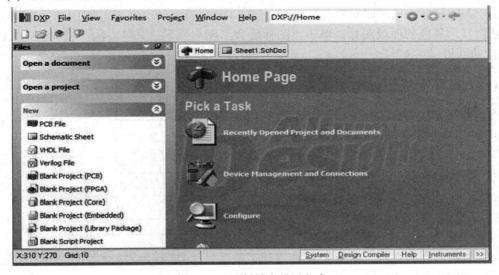

图 2-4-8　面板锁定显示方式

(3) 浮动显示方式。工作面板在工作区主窗口中间任意位置，处于浮动显示方式，如图 2-4-9 所示。

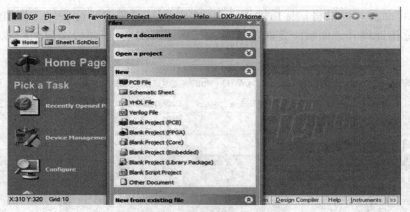

图 2-4-9　面板浮动显示方式

2) 面板的三种显示方式之间的转换方法

(1) 自动隐藏方式与浮动显示方式的相互转换。用鼠标将自动隐藏方式的工作面板拖动到工作区主窗口的任意位置，即可实现由自动隐藏方式到浮动显示方式的转换；用鼠标将浮动显示方式的工作面板拖动到工作区主窗口的边缘，工作面板再次弹出时将以自动隐藏方式的图标出现，这样就实现了由浮动显示方式到自动隐藏方式的转换。

(2) 自动隐藏方式与锁定显示方式的相互转换。单击自动隐藏方式图标，图标转换成锁定显示方式，即可实现由锁定显示方式到自动隐藏方式的转换；单击锁定显示方式图标，图标转换成自动隐藏方式，即可实现由锁定显示方式到自动隐藏方式的转换。

(3) 面板图标的功能。

　锁定图标：表示面板处于锁定状态，单击该图标会变成自动隐藏图标。

　自动隐藏图标：表示面板处于自动隐藏状态，单击该图标会变成锁定状态。

　关闭图标：关闭该面板。

　显示其他的面板图标：单击该图标后会出现一个下拉菜单，从下拉菜单中选取需要显示的面板。

(三) 电路原理图的绘制流程

原理图设计是电路设计的基础，只有在设计好原理图的基础上才可以进行印制电路板的设计和电路仿真等。通过本项目的学习，读者可掌握原理图设计的过程和技巧。电路原理的设计流程图如图 2-4-10 所示，具体包含 8 个设计步骤：

(1) 新建工程文件。新建一个 PCB 工程，PCB 设计中的文件都包含在该项目下。

(2) 新建原理图文件。在进入 SCH 设计系统之前，首先要构思好原理图，即必须知道所设计的项目需要哪些电路来完成，然后用 Protel DXP 画出电路原理图。

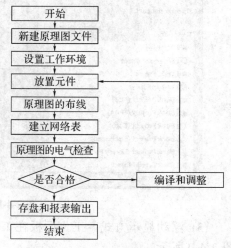

图 2-4-10　设计流程图

(3) 设置工作环境。根据实际电路的复杂程度来设置图纸的大小。在电路设计的整个过程中，图纸的大小都可以不断地调整，设置合适的图纸大小是进行原理图设计的第一步。

(4) 放置元件。从组件库中选取组件，布置到图纸的合适位置，并对元件的名称、封装进行定义和设定，根据组件之间的走线等联系对元件在工作平面上的位置进行调整和修改，使得原理图美观而且易懂。

(5) 原理图布线。根据实际电路的需要，利用 SCH 提供的各种工具、指令进行布线，将工作平面上的器件用具有电气意义的导线、符号连接起来，构成一幅完整的电路原理图。

(6) 原理图电气检查。当完成原理图布线后，需要设置项目选项来编译当前项目，利用 Protel DXP 提供的错误检查报告修改原理图。

(7) 编译和调整。如果原理图已通过电气检查，可以生成网络表，完成原理图的设计了。对于一般电路设计而言，尤其是较大的项目，通常需要对电路进行多次修改才能够通过电气检查。

(8) 生成网络表及文件。完成上面的步骤以后，可以看到一张完整的电路原理图，但是要完成电路板的设计，需要生成一个网络表文件。网络表是电路板和电路原理图之间的重要纽带。Protel DXP 提供了各种报表工具生成报表(如网络表、组件清单等)，同时可以对设计好的原理图和各种报表进行存盘和输出打印，为印制电路板的设计做好准备。

三、项目实施

(一) 新建工程文件和原理图文件

Protel DXP 引入了设计工程的概念，在印制电路板的设计过程中，一般先建立一个工程文件 xxx.PrjPCB。该文件定义了工程设计过程中建立的原理图、PCB 等文件之间的关系。打开工程文件就可以看到与工程有关的所有文件，也可将工程中的单个文件以自由文件的形式单独打开。一旦工程被编辑，设计验证、同步和对比就会产生。例如，当项目被编辑后，项目中的原始原理图或 PCB 的任何改变都会被更新。

当然，也可以不建立工程文件，直接建立一个原理图文件或 PCB 等文件。

在 Protel DXP 中，PCB 项目文档的组织结构如下：

原理图文档(*.schdoc,*.sch)
PCB 文档(*.pcbdoc,*.pcb)
PCB 封装库文档(*.libpcb,*.lib)
PCB 项目文档　(*.PrjGrp)
原理图库文档(*.libsch,*.lib)
网络列表(*.net 等)
混合信号仿真文件(*.mdl,*.nsx 等)
…
CAM 文件(*.cam 等)
输出报表(*.rep 等)

1. 创建一个新的 PCB 项目工程文件

1) 新建一个工程文件

在设计窗口的 Pick a Task 区中单击"Printed Circuit Board Design",在弹出的界面中单击"New Blank PCB Project"。

或者选择"File / New / PCB Project"菜单命令,如图 2-4-11 所示。Project 面板就会出现一个新建工程文件,默认名称:PCB_Project1.PrjPCB,如图 2-4-12 所示。

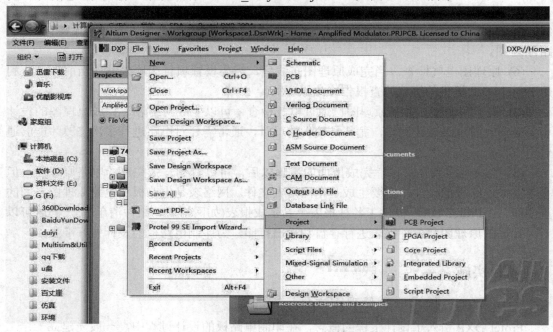

图 2-4-11　PCB Project 命令

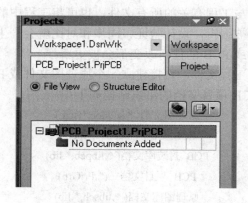

图 2-4-12　新建工程文件

2) 保存工程文件

执行"File / Save project"菜单命令,在弹出的对话框中将存储位置定位到用户的新建文件夹,在文件名中输入"三极管流水灯"后,单击"保存"按钮即可,如图 2-4-13 所示。

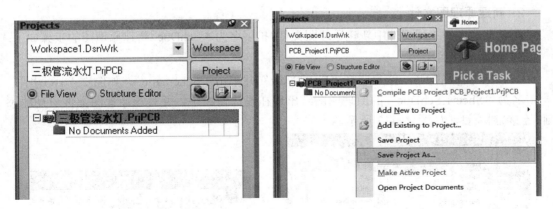

图 2-4-13　保存工程文件　　　　　图 2-4-14　Save Project As 命令

其中"No Document Added"的含义是当前工程中没有任何文件。

或者右击 PCB_Project1.PrjPCB 文件,在弹出的菜单中选择"Save Project As…"命令,如图 2-4-14 所示。

这样就建立了一个新的工程文件,该工程中所有单个文件之间的关联信息都将保存在该工程文件中。

3) 关闭和打开工程文件

在 Project 面板中,鼠标右键单击需关闭的工程文件名,在弹出的命令菜单中选择"Close Project"选项,即可关闭该工程,如图 2-4-15 所示。

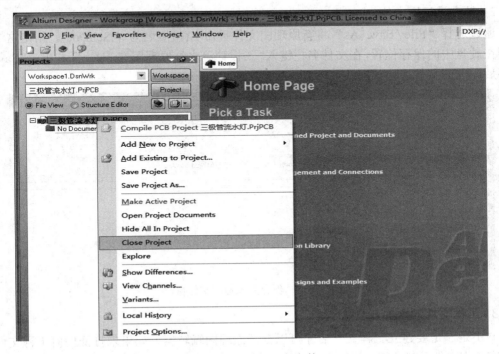

图 2-4-15　关闭工程文件

执行菜单命令"File / Open Project Documents",可以打开已有的工程。

2. 新建原理图文件

在以上建立的工程文件中新建原理图文件,扩展名为 *.SchDoc。新建原理图的步骤如下:

1) 新建原理图文件

在 Files 面板的 New 单元选择"File / New"并单击"Schematic",如图 2-4-16 所示。一个名为"Sheet1.SchDoc"的原理图图纸出现在设计窗口中,并且该原理图文件自动地添加(连接)到项目,如图 2-4-17 所示。

图 2-4-16 新建原理图文件命令

图 2-4-17 新建原理图文件界面

2) 保存原理图文件

通过选择"File / Save As"将新原理图文件重命名(扩展名为 *.SchDoc)。指定这个原理图在硬盘中的保存位置,在文件名栏键入"三极管流水灯原理图.SchDoc",并单击"Save"。保存后原理图文件窗口如图 2-4-18 所示。

图 2-4-18 保存后原理图文件窗口

3. 工程文件的添加及删除

并不是一定要建立工程文件后才可以打开原理图编辑器。如果未打开任何工程文件或将所有工程文件全部关闭,执行"File / New / Schematic"菜单命令可以新建一个自由的原理图文件,保存后不属于任何工程。如果需要,还可以将这个原理图文件添加至其他工程中。

1) 将一个自由的原理图文件添加到工程中

如果要把一个自由的原理图文件"Sheet2.SchDoc"添加到现有的"三极管流水灯.PrjPCB"工程文件中,如图 2-4-19 所示,可在 Projects 项目管理栏中选中"Sheet2.SchDoc",拖动将其添加进"三极管流水灯.PrjPCB"工程中,如图 2-4-20 所示。

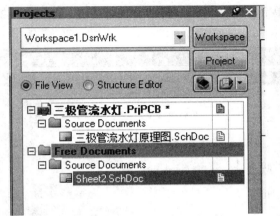 

图 2-4-19　新建一个自由文件　　　　　　图 2-4-20　添加已有文件到工程中

2) 工程中文件的移除

如果想从工程中去除文件,用右键单击欲删除的文件,弹出如图 2-4-21 所示的菜单。在菜单中选择"Remove from Project…"选项,并在弹出的确认删除对话框中单击"Yes"按钮,即可将此文件从当前工程中移除,"Sheet2.SchDoc"又变为自由文件。

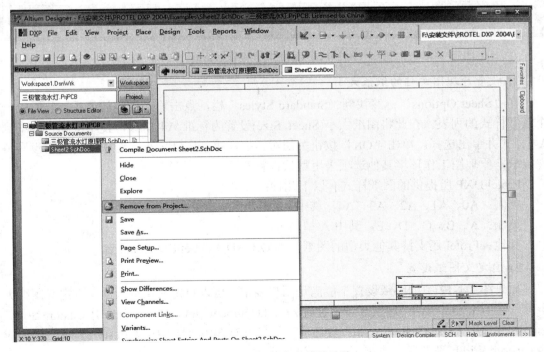

图 2-4-21　工程中文件的移除

(二) 原理图环境及参数的设置

绘制原理图首先要设置图纸，如设置纸张大小、标题框、设计文件信息等有关参数。

1. 原理图图纸的设置

执行"Design / Document Options"菜单命令，弹出图纸属性设置对话框，如图 2-4-22 所示。

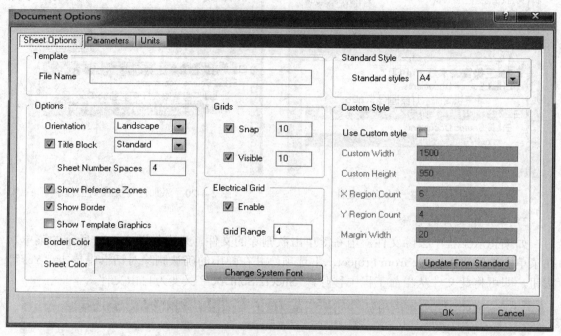

图 2-4-22 图纸属性设置对话框

1) 设置原理图文档的纸张大小

在"Sheet Options"标签找到"Standard Styles"栏，点击输入框旁的箭头，将看见一个图纸样式的列表。在此将图纸大小(Sheet Size)设置为标准 A4 格式，使用滚动栏滚动到 A4 样式并单击选择。单击"OK"按钮关闭对话框，更新图纸大小。对于本例而言没有特殊要求，原理图工作环境其他选项采用默认设置即可。

Protel DXP 所提供的图纸样式有以下几种：

美制：A0、A1、A2、A3、A4，其中 A4 最小。

英制：A、B、C、D、E，其中 A 型最小。

其他：Protel 还支持其他类型的图纸，如 OrCAD A、Letter、Legal 等。

2) 自定义图纸设置

如果图 2-1-12 中的图纸设置不能满足用户要求，可以自定义图纸大小。自定义图纸大小可以在"Custom Style"选项区域中设置。在"Document Options"对话框的"Custom Style"选项区域选中"Use Custom style"复选项，如果没有选中"Use Custom style"项，则相应的 Custom Width 等设置选项灰化，不能进行设置。

3) 图纸的方向和颜色设置

单击"Option"选项中"Orientation"的下拉按钮,对图纸方向进行设置。Landscape：图纸水平放置；portrait：图纸垂直放置。

单击"Option"选项中"Border Color""Sheet Color"颜色选框,对图纸边框和图纸底色进行设置。一般默认边框颜色是黑色,图纸底色为白色,不需要做修改。

4) 图纸标题栏及边框的设置

选中"Title Block"复选项,图纸显示标题栏,否则不显示。单击"Title Block"的下拉按钮,选择标题栏格式 Standard(标准)或者 ANSI(美国国家标准协会),如图 2-4-23 所示。

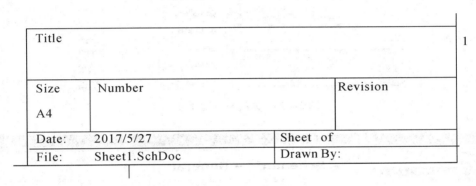

图 2-4-23　ANSI 标题栏

5) Grids 的设置

在设计原理图时,图纸上的格点为放置元件和连接线路带来了很大的方便,也使原理图中元件的对齐排列非常方便。

(1) "Grids"选项区域中包括 Snap 和 Visible 两个选项：

Visible：用于设置格点是否可见。在右边的设置框中键入数值可改变图纸格点间的距离。默认的设置为 10,表示格点间的距离为 10 个像素点。

Snap：用于设置游标移动时的间距。选中此项表示游标移动时以 Snap 右边设置值为基本单位移动,系统的默认设置是 10。例如移动原理图上的组件时,则组件的移动以 10 个像素点为单位移动。未选中此项,则组件的移动以一个像素点为基准单位移动,一般采用默认设置,便于在原理图中对齐组件。

(2) "Electrical Grid"选项区域：

"Electrical Grid"选项区域设有"Enable"复选框和"Grid Range"文本框,用于设置电气节点,如果选中"Enable",在绘制导线时,系统会以"Grid Range"文本框中设置的数值为半径,以游标所在位置为中心,向周围搜索电气节点,如果在搜索半径内有电气节点,游标会自动移到该节点上。如果未选中"Enable",则不能自动搜索电气节点。

2. Protel DXP 系统参数设置

在 Protel DXP 原理图图纸上右击鼠标,如图 2-4-24 所示,执行"Options / Schematic Preferences…"菜单命令,打开相应对话框,如图 2-4-25 所示。

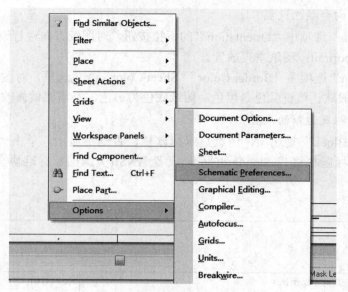

图 2-4-24 系统参数选择命令

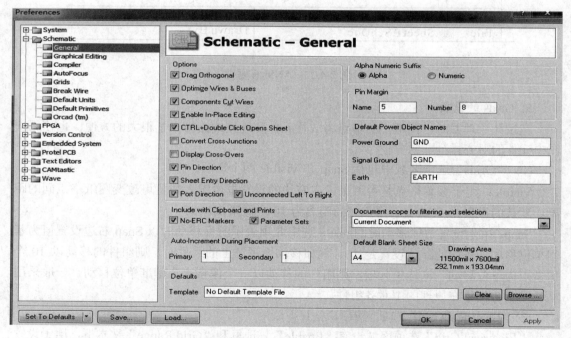

图 2-4-25 "Schematic"选项卡

1)"Schematic"选项卡

"Schematic"选项卡的参数设置如下:

(1)"General"选项区域设置。

"Pin Name Margin"用于设置引脚名称与组件边缘间的间距,"Pin Number Margin"用于设置引脚符号与组件边缘间的间距。

"Alpha Numeric Suffix"选项区域用于设置多组件的组件标注后缀的类型。有些组件内部是由多组组件组成的，例如74系列器件，Sn7404就是由6个非门组成的，则通过"Alpha Numeric Suffix"区域设置组件的后缀。选择"Alpha"单选项则后缀以字母表示，如A、B等。选择"Numeric"单选项则后缀以数字表示，如1、2等。

"Include With Clipboard and Prints"选项主要用来设置使用剪贴板或打印时的参数。

选定"No-ERC Markers"复选项，则使用剪贴板进行复制操作或打印时，对象的No-ERC标记将随对象被复制或打印。否则，复制和打印对象时，将不包括No-ERC标记。

选定"Parameter Sets"复选项，则使用剪贴板进行复制操作或打印时，对象的参数设置将随对象被复制或打印。否则，复制和打印对象时，将不包括对象参数。

(2)"Orcad"选项区域设置。Copy Footprint From To 选项区域用于在其列表框中设置OrCAD加载选项。当设置了该项后，用户如果使用OrCAD软件加载该文件时，将只加载所设置域的引脚。

2)"Graphical Editing"选项卡

(1)"Options"选项区域设置。"Options"选项区域主要包括如下设置：

Clipboard Reference：用于设置将选取的组件复制或剪切到剪贴板时，是否要指定参考点。如果选定此复选项，进行复制或剪切操作时，系统会要求指定参考点，对于复制一个将要粘贴回原来位置的原理图部分非常重要，该参考点是粘贴时被保留部分的点，建议选定此项。

Add Template to Clipboard：加模板到剪贴板上，当执行复制或剪切操作时，系统会把模板文件添加到剪贴板上。当取消选定该复选项时，可以直接将原理图复制到Word文档。系统默认为选中状态，建议用户取消选定该复选项。

Convert Special Strings：用于设置将特殊字符串转换成相应的内容。选定此复选项时，在电路图中将显示特殊字符串的内容。

Center of Object：该复选项的功能使设定移动组件时，游标捕捉的是组件的参考点还是组件的中心。要想实现该选项的功能，必须取消"Object's Electrical Hot Spot"选项的选定。

Object's Electrical hot Spot：选定该复选项后，将可以通过距对象最近的电气点移动或拖动对象。建议用户选定该复选项。

Auto Zoom：用于设置插入组件时，原理图是否可以自动调整视图显示比例，以适合显示该组件。

Single '\' Negation：选定该复选项后，可以'\'表示对某字符取反。

Click Clears Selection：该选项可用于单击原理图编辑窗口内的任意位置来取消对象的选取状态。不选定此项时，取消组件被选中状态需要执行菜单命令"Edit / Deselect"。

Double Click Runs Inspector：选定该复选项，当在原理图上双击一个对象组件时，弹出的不是"Component Properties"(组件属性)对话框，而是"Inspector"对话框。建议读者不选定该选项。

(2)"Color Options"选项区域设置。"Color Options"选项区域主要包括如下设置：

Selections 用于设置所选中的对象组件的高亮颜色，即在原理图上选取某个对象组件，则该对象组件被高亮显示。单击其右边的颜色属性框可以打开颜色设置对话框，选择高亮显示颜色。

(3) "Auto Pan Options"选项区域设置。"Auto Pan Options"选项区域主要包括如下设置：

Auto Pan Options：用于设置系统的自动摇景功能。自动摇景是指当鼠标处于放置图纸组件的状态时，如果将游标移动到编辑区边界上，图纸边界自动向窗口中心移动。

Style：单击该选项右边的下拉按钮，弹出如图 2-4-26 所示的下拉菜单，其各项功能如下：

- Auto Pan Off：取消自动摇景功能。
- Auto Pan Fixed Jump：以 Step Size 和 Shift Step Size 所设置的值进行自动移动。
- Auto Pan Recenter：重新定位编辑区的中心位置，即以游标所指的边为新的编辑区中心。

Speed 选项：用于调节滑块，设定自动移动速度。

Cursor Type：用于设置游标类型。单击右边的下拉按钮，将弹出下拉列表。其设置如下：

- Large Cursor 90：将游标设置为由水准线和垂直线组成的 90°大游标。
- Small Cursor 90：将游标设置为由水准线和垂直线组成的 90°小游标。
- Small Cursor 45：将游标设置为 45°相交线组成的小游标。

Undo / Redo 选项区域中的 Stack Size 框，用于设置的堆栈次数。

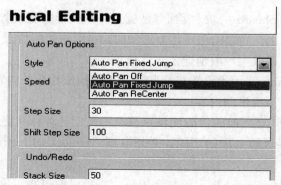

图 2-4-26　Style 下拉菜单

(4) Grid 选项区域设置。

Visible Grid：该选项的下拉列表中设有"Line Grid"和"Dot Grid"，分别用于设置线状格点和点状格点。

(三) 放置元件

1. 加载原理图元件库

原理图纸设置好以后，就可以开始绘制电路原理图了。

根据图 2-4-1 所示的三极管流水灯原理图，将元件整理成表 2-4-1。由表 2-4-1 可知，所有元件都来自于 Miscellaneous Devices.IntLib 集成库，所以系统先装载这个库才能从中放置元件。

表 2-4-1 原理图原件列表

元件库中定义的元件名称(Lib Ref)	元件所在库(Library)	元件编号(Designator)	元件值(Value)
Res2	MiscellaneousDevices.IntLib	R1	9.1 kΩ
Res2	MiscellaneousDevices.IntLib	R2	470 Ω
Res2	MiscellaneousDevices.IntLib	R3	10 kΩ
Res2	MiscellaneousDevices.IntLib	R4	470 Ω
Res2	MiscellaneousDevices.IntLib	R5	10 kΩ
Res2	MiscellaneousDevices.IntLib	R6	470 Ω
Cap Pol2	MiscellaneousDevices.IntLib	C1	47 μF
Cap Pol2	MiscellaneousDevices.IntLib	C2	47 μF
Cap Pol2	MiscellaneousDevices.IntLib	C3	47 μF
LED1	MiscellaneousDevices.IntLib	led1	
LED1	MiscellaneousDevices.IntLib	led2	
LED1	MiscellaneousDevices.IntLib	led3	
2N3904	MiscellaneousDevices.IntLib	Q3	
2N3904	MiscellaneousDevices.IntLib	Q2	
2N3904	MiscellaneousDevices.IntLib	Q1	

加载原理图元件库的步骤如下：

(1) 单击"Design"按钮下的"Add / Remove Library…"，如图 2-4-27 所示，弹出元件库添加/删除对话框，如图 2-4-28 所示。

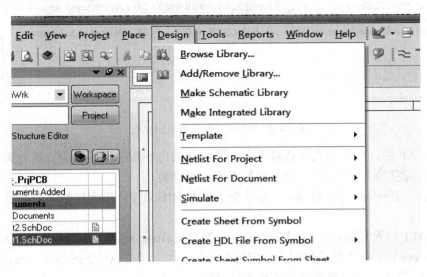

图 2-4-27 元件库添加/删除命令

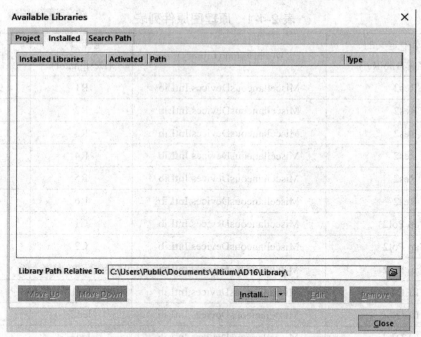

图 2-4-28 元件库添加/删除对话框

(2) 单击"Install from file",从用户 Protel DXP 软件所在文件中选取集成库文件 Miscellaneous Devices 后,单击"打开"按钮,元件库文件便出现在 Available Library 的 Installed 中,如图 2-4-29 所示。

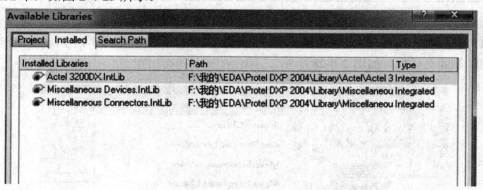

图 2-4-29 完成元件库的添加界面

Protel DXP 的元件库中元件数量庞大,同时分类也非常明确。它的一级分类主要以元件厂家分类,在厂家分类下面又以元件种类做二级分类。

原理图元器件库扩展名为 .ddb,是一个大型数据库文件,里面包括多个小型子元件库(*.lib 文件)。

Protel DXP 中常用的两个原理图元器件库为 Miscellaneous Connectors.IntLib 和 Miscell-Aneous Devices.IntLib 两个元件库。常用元件电阻、电容等在 Miscellaneous Devices.IntLib 库中,一般情况下需先加载这两个原理图元件库。

有时系统提供的原理图元器件不足以满足要求,需要自制原理图元器件,那么此时还需加载用户自制原理图元器件库。关于自制原理图元器件库的方法,后面项目中将要介绍。

若需删除某一原理图元件库,在 Install 框中单击要删除的元件库,再单击"Remove"按钮即可。

2. 元件的放置及属性设置

1) 放置元件

放置一个三极管的操作步骤如下:

(1) 执行"Place / Part..."菜单命令,如图 2-4-30 所示。或单击布线工具栏放置元件图标,如图 2-4-31 所示,出现如图 2-4-32 所示的"Place Part"对话框。

图 2-4-30 Place 菜单 Part 命令

图 2-4-31 工具栏

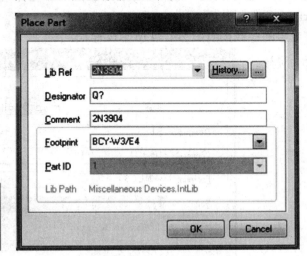

图 2-4-32 "Place Part"对话框

Lib Ref:元件库中所定义的元件名称。如果知道元件在库中名称,直接输入名称即可。以电阻为例,可直接在 Lib Ref 中输入元件在库中的名称 RES2。如果不知道元件在库中的名称,可单击"Browse"按钮浏览库中的元件,如图 2-4-33 所示。如果做的图多了,这些常用的元件你就会记住了。

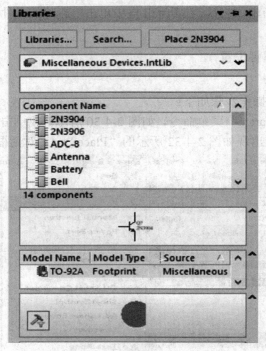

图 2-4-33 浏览元件库中的元件

Designator：元件描述。通常为我们输入元件流水序号，如电阻 R1、R2，电容 C1、C2。

Comment：元件类型(或标称值)。对于电阻、电容、电感等元件可直接输入元件值，对于集成芯片等，Comment 一般和 Physical Comment 元件在库中的名称相同。

Footprint：元件封装。

(2) 将电阻的参数按照图 2-4-34 所示设置好。

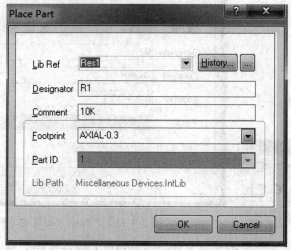

图 2-4-34 设置电阻的参数

单击"OK"按钮，元件粘在鼠标上，如图 2-4-35 所示。

第二部分 Protel DXP 电路图的制作

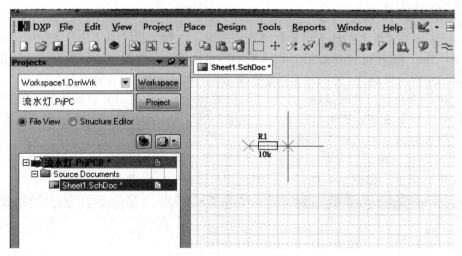

图 2-4-35 元件粘在鼠标上

当所有电阻元件都放置到绘图区上后，可以用鼠标左键单击放置元件选项卡中的"Cancel"按钮，退出"放置元件"的命令状态。

温馨提示：

当一个元件放置好后，系统将自动从"放置元件"的命令模式里退出，因此每点击一次常用工具栏里的元件符号，只可以放置一个元件。

无论是单张或多张纸的设计，都绝对不允许两个元件具有相同的流水序号。

放置元件时，若输入了流水序号，则以后放置相同形式的元件，流水序号自动增加。

例如：我们要放置六个电阻，将 R1 的元件属性填完整，单击"OK"放置完 R1 后，系统自动弹出"Place Part"对话框，选项卡的内容除 Designator 流水序号依次加 1 外，其他与 R1 相同，这样我们在后面修改元件属性时，一般只修改 Comment 阻值一项就可以了。

放置元件时也可不理会流水序号，放置完所有元件时，单击"Tools / Annotate"可将电路图中所有元件序号重编一次。按照上述方法将电容、三极管等元件都放置到绘图区中，如图 2-4-36 所示。

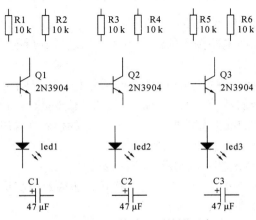

图 2-4-36 元件放置到绘图区中

2) 元件参数的更改

(1) 设置元件属性。在真正将元件放置在图纸上之前,此时的元件符号可随鼠标移动,如果按下"Tab"键就可打开如图 2-4-34 所示的对话框,可在此对话框中编辑元件的属性。

如果已经将元件放置在图纸上,则要更改元件的属性,可以通过菜单命令"Edit / Change"来实现。执行该命令,此时鼠标由空心箭头变为大十字,此时只需将鼠标指针指向编辑对象,然后单击鼠标左键,即可打开 Part 选项卡。更改完一个元件的属性,此时仍处在修改状态,可继续修改,也可单击右键退出。

放置元件后,可以直接在元件中心位置使用鼠标双击元件,也可弹出"Component Properties"对话框,如图 2-4-37 所示,然后用户即可进行元件属性编辑操作。

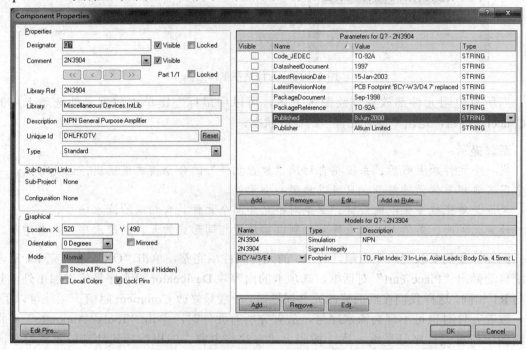

图 2-4-37　"Component Properties"对话框

"Properties"(属性)选项区包括以下选项:

• Designator:元件在电路图中的流水序号。当选中其后的"Visible"复选框后,序号名将在原理图中显示。

• Comment:显示在绘图页中的元件类型(或标称值)。对于电阻、电容等元件,可直接输入元件值。对于集成芯片等,Comment 一般和 Physical Component 元件在库中的名称相同。当选中其后的"Visible"复选框后,Comment 的值将在原理图中显示。

• Library Ref:显示元件在库中的参考名。

• Library:显示元件所在库的名称,不能修改。

Graphical (属性)选项卡可以元件的方向、样式、边线及引脚进行编辑。

• Location:设置元件的具体坐标位置。

• Orientation:设置元件的角度,下拉列表中有 0、90、180、270 度四种选择。后面的"Mirrored"复选框用来选择元件是否相对 X 轴对称，选中则为对称模式。

选中"Show All Pins On Sheet"复选框后，可以显示所有的引脚。

选中"Local Colors"复选框后，将显示元件颜色、边线和引脚颜色的设置选项。

(2) 设置元件属性选项。如果在元件的某一属性上双击鼠标左键，则会打开一个针对该属性的选项卡。例如在显示文字 R1 上双击，由于它是 Designator 流水序号属性，所以出现对应的对话框，如图 2-4-38 所示。

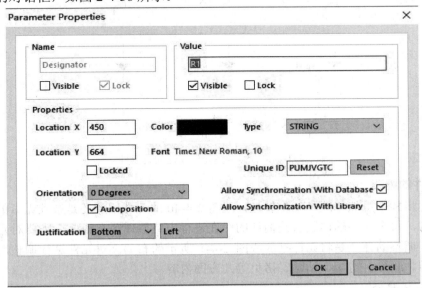

图 2-4-38　Designator 流水序号属性

可以在该选项卡设置元件参数值(Value)、X 轴及 Y 轴坐标(Location，X 及 Location，Y)、旋转角度(Orientation)、显示颜色(Color)、显示字体(Font)等 Designator 的属性。

同理，如果在显示文字 10 k 上双击，由于它是 Comment 元件类型(或标称值)属性，所以出现对应的对话框，如图 2-4-39 所示。可以在该对话框对 Comment 属性进行深入的修改。

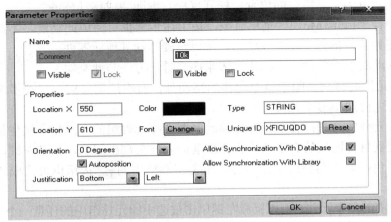

图 2-4-39　Comment 元件类型属性

将图 2-4-36 中的元件属性与表 2-4-1 中的元件属性进行比较，然后通过上面介绍的方法编辑元件属性。编辑完的界面如图 2-4-40 所示。

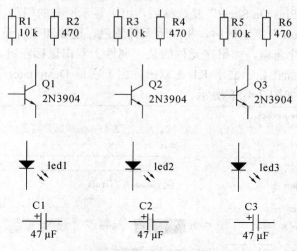

图 2-4-40 编辑完元件属性的元器件

3. 元件的编辑

在上述步骤中虽然修改了元件属性，但图 2-4-40 的元件摆放还是杂乱无章的。一般在放置元件时，每个元件的位置只是估计的，在进行电路原理图布线前还需要对元件的位置进行调整，调整的任务是将元件摆放成图 2-4-1 所示的布局。对元件进行调整，涉及元件移动、旋转、删除、剪切、粘贴、拷贝等几方面内容。

1) **元件的移动**

(1) 单个元件的移动。元件的移动实际上就是利用各种命令将元件移动到绘图页上所需的位置。

若要移动图 2-4-40 中的 R1 电阻，具体操作过程如下：

用鼠标对准所需要移动的对象(R1 电阻)，然后按住鼠标左键，所选中的对象出现十字光标，并在元件周围出现虚框，表示已选中目标物，并可以移动该对象，拖动鼠标移动十字光标，将其拖曳到用户需要的位置，松开鼠标左键即完成移动任务。

同样，执行 "Edit / Move" 菜单命令，按上述步骤也可完成此功能。不同的是执行菜单命令完成任务后，仍处于此命令状态，可以继续移动其他元器件。

同理，移动其他组件如文字标注、流水序号等，方法与此类似。

(2) 多个元件的移动。除了单个元件的移动外，有时还需要同时移动多个元件。要移动多个元件首先要选中多个元件。

选中多个元件的方法：将鼠标光标移动到要选择元件组的左上角，按住鼠标左键，然后将光标拖曳到目标区域的右下角，将要移动的元件全部框起来，松开左键，如被框起来的元件变成绿色，则表明被选中。另外，用主工具栏中的 ▨ 按钮也可完成选择多个元件的任务。

移动被选中的多个元件，可用鼠标左键单击被选中的元件组中的任意一个元件不放，待十字光标出现即可移动被选择的元件组到适当的位置，然后松开鼠标左键，便可完成任务。

取消元件选择：单击主工具栏中的 "取消选择所有元件" ▨ 图标，这样被选中的多个元件都被取消了。

2) 元件的旋转

元件的旋转实际上就是改变元件的放置方向。Protel DXP 提供了很方便的旋转操作，当用户用鼠标选中单个元件后，并按住鼠标左键，此时再使用下面的功能键，就可以实现元件的旋转。

Space 键：让元件做 90°旋转，以选择适当的方向。

X 键：使元件左右对调，即以十字光标为轴做水平调整。

Y 键：使元件上下对调，即以十字光标为轴做垂直调整。

3) 元件的删除

图 2-4-41 所示的"Edit"菜单里有两个删除命令，即"Clear"和"Delete"。

(1) "Clear"命令的功能是删除已选取的元件。启动"Clear"命令之前需要选取元件，启动"Clear"命令之后，已选取的元件立刻被删除。也可以按快捷键"Ctrl + Delete"来实现"Clear"功能。

(2) "Delete"命令的功能也是删除元件，只是启动"Delete"命令之前不需要选取元件。启动"Delete"命令之后，光标变成十字状，将光标移到所要删除的元件上单击鼠标，即可删除元件。

(3) 另外，使用快捷键"Delete"也可实现元件的删除，但是在用此快捷键删除元件之前，先要点取元件。点取元件后，元件周围会出现虚框，按此快捷键即可实现元件的删除。

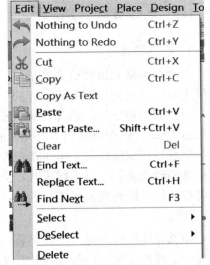

图 2-4-41 "Edit"菜单

4) 元件的复制

"复制"命令集成在"Edit"菜单中，如图 2-4-42 所示。

"Copy"命令将选取的元件作为副本，放入剪贴板中。

"Cut"命令将选取的元件直接移入剪贴板中，同时电路图上的被选元件被删除。

"Paste"命令将剪贴板里的内容作为副本，放入电路图中。

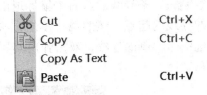

图 2-4-42 "Edit"菜单中的"复制"命令

在主工具栏中也有相关的"复制"图标，如图 2-4-43 所示。

图 2-4-43 主工具栏中的"复制"图标

我们利用元件调整的移动、旋转、删除、剪切、粘贴、拷贝等操作，将图 2-4-40 中的所有元件调整成图 2-4-44 的布局。

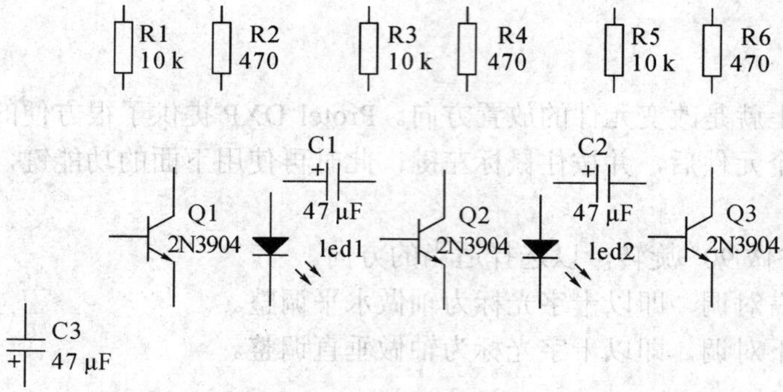

R1
10 k
R2
470
R3
10 k
R4
470
R5
10 k
R6
470
C1
47 μF
C2
47 μF
Q1
2N3904
led1
Q2
2N3904
led2
Q3
2N3904
led3
C3
47 μF

图 2-4-44　调整完元件布局的界面

(四) 连接线路

1. 连接导线

当所有电路元器件放置完毕后，就可以着手进行电路图中各元件的连接(Wiring)。连线的最主要的目的是按照电路设计的要求建立网络的实际连通性。

元件放置完毕后，单击右键，选择“View / Fit All Objects”(或命令菜单“View / Fit All Objects”)，使整个电路图中有元件的部分充满屏幕。

要进行连线操作时，可单击电路绘制工具栏上的 按钮或执行“Place / Wire”菜单命令将编辑状态切换到连线模式，此时鼠标指针的形状也会由空心箭头变为大十字。这时只需将鼠标指针指向欲拉连线的一端，单击鼠标左键，就会出现一个可以随鼠标指针移动的预拉线。

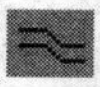

如果导线的起点是元件的引脚，当光标靠近元件引脚时，自动移动到元件引脚，同时出现一个红色×表示电气连接的意义。单击鼠标确定导线起点。移动鼠标到导线折点或终点，在导线折点或终点处单击鼠标确定导线的位置，每转折一次都要单击鼠标一次。

绘制完一条导线后，右击鼠标退出绘制。此时系统仍处于绘制导线状态，将鼠标移动到新的导线的起点，按照第一步的方法继续绘制其他导线。

选中所绘制的导线，双击弹出其属性对话框，如图 2-4-45 所示，可以从中设置导线的颜色和宽度。

Wire
Graphical
Vertices
Color
Wire Width
Small
OK
Cancel

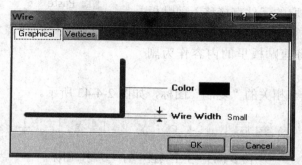

图 2-4-45　“Wire”对话框

绘制完所有的导线后，双击鼠标右键退出绘制导线状态，光标由十字形变成箭头。

根据上述操作完成所有元件间的连线，连线完成后的电路如图 2-4-41 所示。

2. 放置节点

当两条导线在原理图中相交叉时，这两条导线在电气上是否相连，是由交叉点处有无线路节点来决定的。如果交叉处有电路节点，则认为两条导线在电气上是相连的，否则认为它们在电气上是不相连的。放置电路节点就是使相互交叉的导线具有电气上的连接关系。

一般情况下，Schematic 会自动在连线上加上节点。但是有些节点需要自己动手才可加上。例如默认情况下，T 形交叉能自动形成电气节点，十字交叉的连线是不会自动加上节点的，如图 2-4-46 所示。

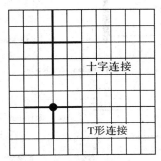

图 2-4-46　电气连接类型

若要自行放置节点，执行"Place / Manual Junction"菜单命令将编辑状态切换到放置节点模式，此时鼠标指针会由空心箭头变为大十字，并且中间还有一个小黑点。这时，只需将鼠标指针指向欲放置节点的位置上，然后单击鼠标左键即可。要将编辑状态切换回待命模式，可单击鼠标右键或按下"Esc"键。双击节点弹出如图 2-4-47 所示"Junction"(节点)选项卡，我们可以设置节点 Size、Color 等属性。Size 中有 Smallest、Small、Medium、Large 四种，一般默认为 Smallest。

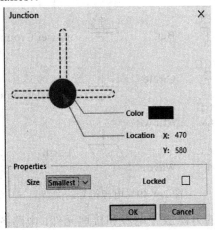

图 2-4-47　"Junction"(节点)选项卡

3. 放置电源与接地符号

将电路图 2-4-44 同图 2-4-1 流水灯电路原理图对比，我们发现还少了一些元件：电源与接地元件。VCC 电源元件与 GND 接地元件有别于一般电气元件，它们可以通过"Place / Power Port"菜单命令或电路图绘制工具栏上的 按钮来调用。这时编辑窗口中会有一个随鼠标指针移动的电源符号，按"Tab"键，将会出现如图 2-4-48 所示的"Power Port"选项卡，或者在放置完电源元件的图形上，双击电源元件或使用右键菜单的"Properties"命令，也可以弹出"Power Port"选项卡。

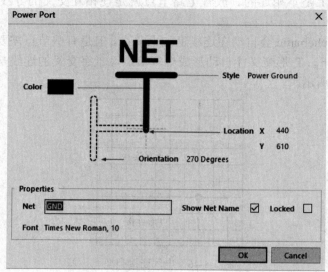

图 2-4-48　"Power Port"选项卡

在选项卡中可以编辑电源属性，在"Net"栏中修改电源符号的网络名称，在"Style"栏中修改电源类型。默认放置角度(Orientation)为 90 Degrees，而接地符号默认 270 Degrees 放置。电源与接地符号在 Style 下拉列表框中有多种类型可供选择，如图 2-4-49 所示：Bar(直线节点)、Circle(圆节点)、Allow(箭头节点)、Wave(波节点)、Power Ground(电源地)、Signal Ground(信号地)、Earth(接大地)。

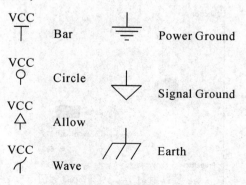

图 2-4-49　电源符号的类型

现在可以使用上面介绍的方法放置电源和接地元件，电路图中有一个+5 V 电源和一个接地符号。以接地符号为例，介绍其放置的操作步骤：

(1) 单击电路图绘制工具栏上的 按钮，在接地符号处于取出但还没有放置的状态下，按"Tab"键，会出现如图 2-4-50 所示的对话框。

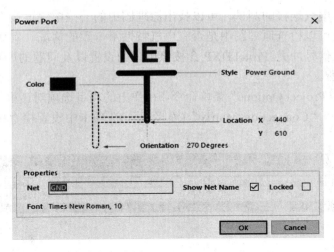

图 2-4-50 放置接地符号对话框

(2) 修改"Net"栏为 GND。

(3) 单击"Style"栏右边的下拉式箭头,"Style"选项选取 Power Ground。

(4) 单击"OK"按钮,按空格键,使接地符号处于合适的方向,最后在合适的位置将其定位。

以同样方法放置 +5 V 电源,电源"Net"设置为 +5 V,"Style"选"Bar"类型,如图 2-4-51 所示。

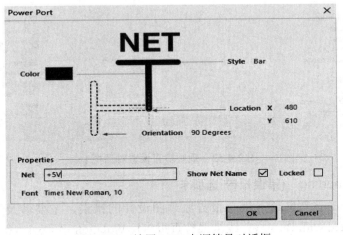

图 2-4-51 放置 +5 V 电源符号对话框

到这里,我们已经画好了一个简单的三极管流水灯电路原理图,它具备了元器件、电源、电气连接关系三个基本要素。

绘制原理图的最终目的是获得 PCB,所以在绘制原理图后,还需要对原理图的连接进行检查,然后生成网络表等报表,最后进行 PCB 的设计。

(五) 原理图的电气规则检查

Protel DXP 在产生网络表之前,需要测试原理图连接的正确性,这可以通过检验电气连接来实现。通过电气连接的测试，可以找出原理图中的一些电气连接方面的错误。

电气连接检查可以检查原理图中是否有电气特性不一致的情况。例如：两个芯片的输出引脚相连会产生信号冲突。Protel DXP 会按照用户的设置以及问题的严重性分别以 error、warning 等信息提醒。

执行"Project / Project Options"菜单命令，在弹出的项目选项对话框"Error Reporting"(错误报告)选项卡和"Connection Matrix"(连接矩阵)选项卡中设置检查规则，如图 2-4-52 所示。

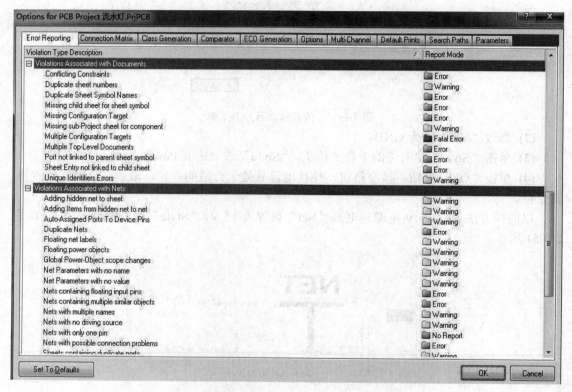

图 2-4-52 规则检查设置对话框

1. "Error Reporting"(错误报告)选项卡

"Error Reporting"选项卡用于报告原理图设计的错误，主要涉及以下几个方面：Violations Associated with Buses (总线错误检查报告)、Violations Associated with Components (组件错误检查报告)、Violations Associated with Documents (文档错误检查报告)、Violations Associated with Nets (网络错误检查报告)、Violations Associated with Others (其他错误检查报告)、Violations Associated with Parameters (参数错误检查报告)。对每一种错误都设置相应的报告类型，例如选中"Bus indices out of range"，单击其后的"Fatal Error"按钮，会弹出错误报告类型的下拉列表。一般采用默认设置，不需要对错误报告类型进行修改。

2. "Connection Matrix"(连接矩阵)选项卡

在规则检查设置对话框中单击"Connection Matrix"卷标，将弹出"Connection Matrix"选项卡，如图 2-4-53 所示。

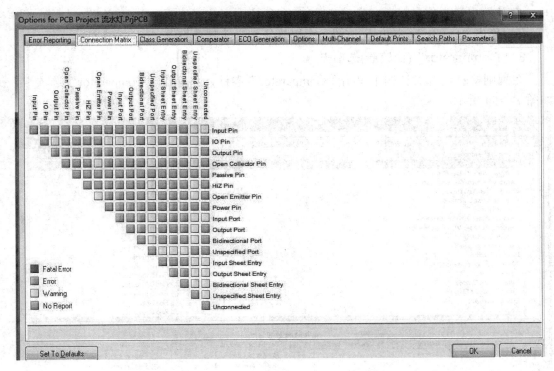

图 2-4-53 "Connection Matrix"选项卡

连接矩阵标签显示的是错误类型的严格性。这将在设计中运行"错误报告"检查电气连接，如引脚间的连接、组件和图纸的输入。连接矩阵给出了原理图中不同类型的连接点以及是否被允许的图表描述：

如果横坐标和纵坐标交叉点为红色，则当横坐标代表的引脚和纵坐标代表的引脚相连接时，将出现 Fatal Error 信息；

如果横坐标和纵坐标交叉点为橙色，则当横坐标代表的引脚和纵坐标代表的引脚相连接时，将出现 Error 信息；

如果横坐标和纵坐标交叉点为黄色，则当横坐标代表的引脚和纵坐标代表的引脚相连接时，将出现 Warning 信息；

如果横坐标和纵坐标交叉点为绿色，则当横坐标代表的引脚和纵坐标代表的引脚相连接时，将不出现错误或警告信息。

例如，在矩阵图的横向找到 Output Pin，从列向找到 Open Collector Pin，在相交处是绿色的方块，当项目被编译时，这个绿色方块表示在原理图中从一个 Output Pin 连接到 Open Collector Pin 时将启动一个错误条件。

如果想修改连接矩阵的错误检查报告类型，比如想改变 Passive Pin(电阻、电容和连接器)和 Unconnected 的错误检查，可以采取下述步骤：

(1) 在纵坐标找到 Passive Pin，在横坐标找到 Unconnected，系统默认为绿色，表示当项目被编译时，在原理图上发现未连接的 Passive Pin 不会显示错误信息。

(2) 单击相交处的方块，直到变成黄色，这样当编译项目时和发现未连接的 Passive

Pins 时就给出警告信息。

(3) 单击"Set To Defaults"按钮,可以恢复到系统默认设置。

3. "Comparator"(比较器)选项卡

在规则检查设置对话框中单击"Comparator"卷标,将弹出"Comparator"选项卡,如图 2-4-54 所示。

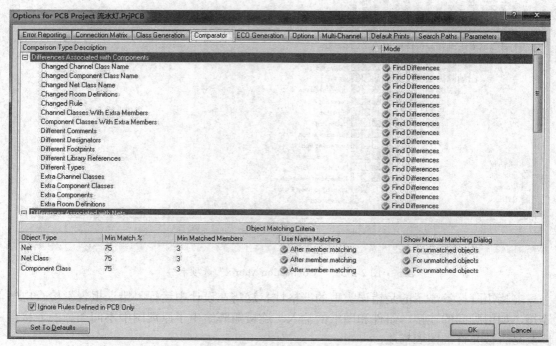

图 2-4-54 "Comparator"选项卡

"Comparator"选项卡用于设置当一个项目被编译时给出文档之间的不同和忽略彼此的不同。在一般电路设计中不需要将一些表示原理图设计等级的特性之间的不同显示出来,所以在"Difference Associated with Components"单元找到 Changed Room Definitions、Extra Room Definitions 和 Extra Components Classes,在这些选项右边的"Mode"下拉列表选择 Ignore Differences,这样原理图设计等级特性之间的不同就被忽略。对不同的项目可能设置会有所不同,但是一般采用默认设置。

单击"Set To Default"按钮,可以恢复到系统默认设置。

4. "ECO Generation"(电气更改命令)选项卡

在规则检查设置对话框中单击"ECO Generation"卷标,将弹出"ECO Generation"选项卡,如图 2-4-55 所示。

通过在比较器中找到原理图的不同,执行电气更改命令后,"ECO Generation"显示更改类型的详细说明,主要用于原理图的更新时显示更新的内容与以前档的不同。

ECO Generation 主要设置与组件、网络和参数相关的改变,可以在 Mode 列表框的下拉列表中选择"Generate Change Orders"(检查电气更改命令)或"Ignore Differences"(忽略不同)进行设置。

第二部分 Protel DXP 电路图的制作

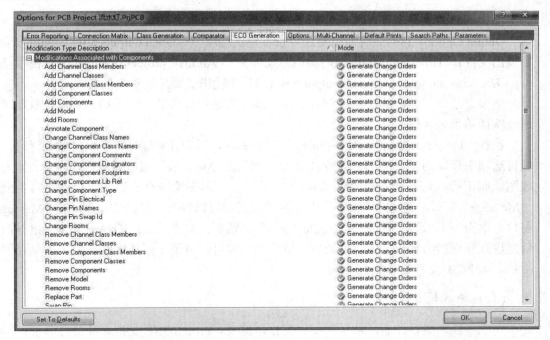

图 2-4-55 "ECO Generaion" 选项卡

单击"Set To Defaults"按钮，可以恢复到系统默认设置。

5. "Options"(选项)选项卡

在规则检查设置对话框中单击"Options"卷标，将弹出"Options"选项卡，如图 2-4-56 所示。

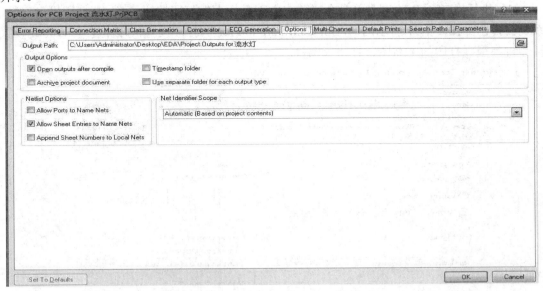

图 2-4-56 "Options" 选项卡

Output Path (输出路径)区域：可以设置各种报表的输出路径。默认的路径是系统在当前项目文件所在文件夹内创建。对于文件路径的选择，主要考虑用户是希望设置单独的文件夹保存所有的设计项目，还是为每个项目中设置一个文件夹。

Output Options 区域：有四个复选项设置输出选项——Open outputs after compile (编译后输出文件)、Timestamp folder (时间信息文件夹)、Archive project document (存档项目文件)、Use separate folder for each output type (对每个输出类型使用独立的文件夹)。

当设置了电气连接的检查规则后，就可以对其进行检查了。Protel DXP 检查原理图是通过编译项目来实现的。

执行"Project / Compile PCB Project"菜单命令，系统开始编译。当项目被编译时，在项目选项中设置的错误检查都会被启动，同时弹出"Message"窗口显示错误信息。如果原理图绘制正确，将不会弹出"Message"窗口。若原理图绘制有错误，将会出现错误报告"Message"窗口。通过错误报告中叙述的错误类型可以修改原理图的错误。在"Message"窗口中单击一个错误，打开"Compile Error"对话框，会显示错误的详细信息，根据错误信息进行原理图的修改。修改完成后，重新编译项目，直至不再显示错误为止。保存项目文档，为 PCB 文件设计做好准备。

(六) 原理图的打印

完成了原理图设计后，常常需要将其打印出来。Protel DXP 支持多种的打印机，可以说，Windows 支持的打印机 Protel DXP 系统都支持。

1. 打印设置

在打印原理图之前，需要先设置打印机，主要是设置打印机的类型、打印纸、打印方向、打印比例等。

打印设置的具体步骤如下：

(1) 执行"File / Print"菜单命令或单击主工具栏上的打印按钮 。若打印机已安装，系统会弹出如图 2-4-57 所示的"Print Configuration for"(打印设置)对话框，可以在此设置打印机类型、打印的电路图、打印范围等。

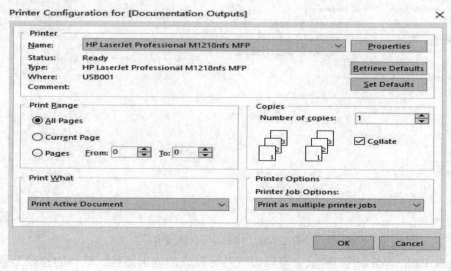

图 2-4-57 打印设置对话框

(2) "Printer Name"下拉列表框：选择打印机的类型。如果 Windows 系统安装了两种以上的打印机，单击下拉按钮，在下拉列表框中选择需要的类型。选择好打印机后，就可以设置打印机属性了。单击"Properties"按钮，可以设置打印纸张的方向等属性。

2. 打印输出

执行"File / Print"菜单命令，单击"OK"按钮，系统将以设定好的打印属性进行打印输出。单击"Cancel"按钮，即可取消打印操作。

四、技能实训

1. 实训要求

在 Protel DXP 中，新建一个原理图文件，并绘制图 2-4-58。

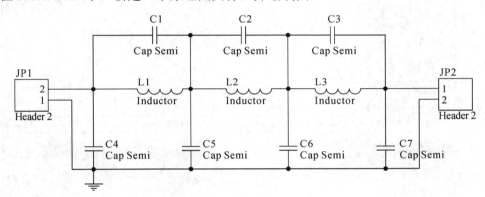

图 2-4-58　实训原理图

2. 实训步骤

(1) 运行程序。双击 Protel DXP 图标，进入 Protel DXP 界面。

(2) 新建工程文件。执行"File / New / PCB Project"命令，创建电路工程文件，命名为"电子电路.PrjPCB"，保存。

(3) 新建原理图文件。执行"File / New / Schematic Sheet"命令，创建原理图文件，命名为"实训原理图.SchDoc"，保存。

(4) 原理图环境设置。执行"Design / Document Options"命令进行设置。

(5) 加载元件库。

表 2-4-2　原理图元件列表

Lib Ref	Library	Designator	Comment
Inductor	MiscellaneousDevices.IntLib	L1	
Inductor	MiscellaneousDevices.IntLib	L2	
Inductor	MiscellaneousDevices.IntLib	L3	
Cap	MiscellaneousDevices.IntLib	C1～C7	
Header 2	MiscellaneousConnectors.IntLib	JP1、2	

① 单击"Design"按钮下的"add / remove Library",出现如图 2-4-59 所示的元件库添加 / 删除选项卡。

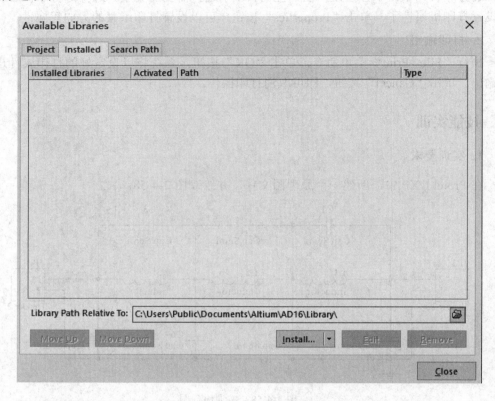

图 2-4-59　元件库添加 / 删除选项卡

② 单击"Install from file",从用户 Protel DXP 软件所在文件 Library 中分别选取集成库文件 Miscellaneous Devices 和 MiscellaneousConnectors 后,单击"打开"按钮,元件库文件便出现在"Available Libraries"的"Installed"中,如图 2-4-60 所示。

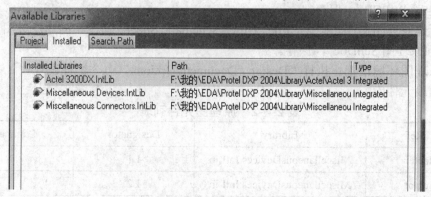

图 2-4-60　添加完成元件库

(6) 放置元件。执行"Place / Part"菜单命令,参照元件列表(见表 2-4-2)设置元件属性,依次将元件放置在原理图中,并合理布局,如图 2-4-61 所示。

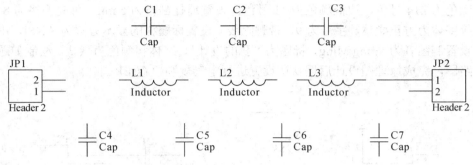

图 2-4-61　元件已放置并完成布局

(7) 放置接地。单击工具栏中的 ⏚ 按钮，放置接地符号。

(8) 连接导线。单击工具栏中的 ≋ 按钮，进入连线状态。鼠标指针变为"+"形状，找到起始点单击确定，每到一个端点单击确定，按"Esc"结束连线。

(9) 保存。执行"File / Save"命令，保存所绘制的原理图文件。

习　题

1. 建立一个工程文件(LX2.PrjPCB)和原理图文件(LX2.SchDoc)。电路图纸使用 A4 图纸。根据自己的需要设置系统参数。绘制如题图所示电路图。

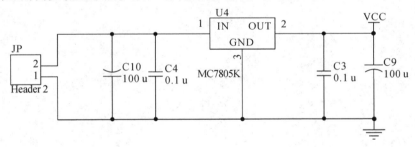

题 1 图

2. 在原理图中设置原理图环境，设置图纸大小为 A4，水平放置，工作区颜色为 18 号色，边框颜色为 236 号色。设置捕捉栅格为 6 mil，可视栅格为 8 mil。设置系统字体为 Times New Roman、字号为 8、带删除线。绘制如题图所示的电路图。

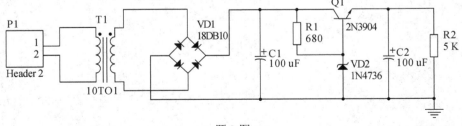

题 2 图

3. 建立一个工程文件(我的电路图.PrjPCB)和原理图文件(我的原理图.SchDoc)。在原理图中设置原理图环境，自定义图纸大小：宽度为 800，高度为 1000，垂直放置，工作区颜色为 214 号色，边框颜色为 11 号色。设置捕捉栅格为 5 mil，可视栅格为 8 mil。设置系统字体为方正姚体、字号为 9、带删除线。设置标题栏的显示方式为 ANSI，用特殊字符串设置制图者为 Wang Ming，标题为"我的设计"，字体和颜色为默认。绘制如题图所示的电路图，完成原理图设计后按默认设置进行电气规则检查(ERC)。

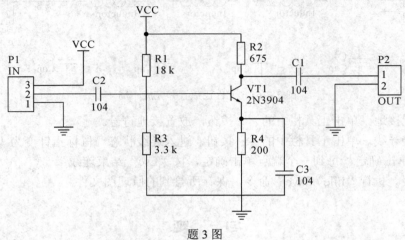

题 3 图

项目五 单片机最小系统 PCB 电路的设计

❖ **学习内容与学习目标**

项目名称	学习内容	能力目标	教学方法
流水灯的绘制	(1) PCB 电路的设计流程； (2) 新建 PCB 设计文件； (3) PCB 电路自动布局、手动布局方法； (4) PCB 电路自动布线、手动布线方法； (5) PCB 电路的设计规则设置	(1) 能熟练进行 PCB 设计环境的设置； (2) 能采用自动布局、手动布局的方法设计 PCB 电路； (3) 能熟练掌握 PCB 电路的布线方法	教学做一体化实操实训为主

❖ **项目描述**

单片机又称单片微控制器，是在一块芯片中集成了 CPU(中央处理器)、RAM(数据存储器)、ROM(程序存储器)、定时器/计数器和多种功能的 I/O(输入/输出)接口等一台计算机所需要的基本功能部件，从而可以完成复杂的运算、逻辑控制、通信等功能。在这里，我们只是简单了解一下单片机的概念，在后续课程中会继续熟悉并逐步深入精通单片机。

单片机的最小系统就是让单片机能正常工作并发挥其功能时所必需的组成部分，也可理解为是用最少的元件组成的单片机可以工作的系统。对 51 系列单片机来说，最小系统一般应该包括单片机、时钟电路、复位电路、输入/输出设备等。

在这个项目中,我们将完成图 2-5-1 单片机最小系统原理图的绘制以及印制电路图的设计。

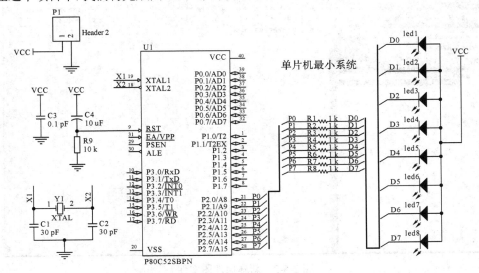

图 2-5-1 单片机最小系统原理图

任务一 绘制单片机最小系统原理图

一、任务要求

创建 Protel 项目工程文件，文件名为：单片机最小系统.PrjPCB，在该工程中创建原理图文件：单片机最小系统原理图.SchDoc。设定图纸大小为 A4，图纸栅格：snap = 10 mil、visible = 10 mil。

二、任务实施

(一) 创建 PCB 项目工程文件

执行"File / New / Project / PCB Project"菜单命令，Project 面板就会出现一个新建工程文件，默认名称为"PCB_Project1.PrjPCB"。

执行"File / Save Project"菜单命令，在弹出的对话框中，将存储位置定位到用户指定位置，在文件名中输入"单片机最小系统"后，单击"保存"按钮。

(二) 绘制原理图

1. 新建原理图文件及设计环境的设置

1) 新建原理图文件

执行"File / New / Schematic"菜单命令，一个名为 Sheet1.SchDoc 的原理图图纸出现在设计窗口中，并且原理图文件自动地添加(连接)到项目工程文件"单片机最小系统.PrjPCB"中，如图 2-5-2 所示。

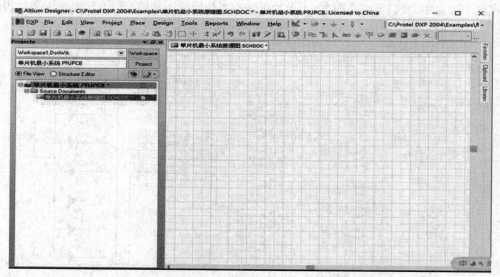

图 2-5-2 新建原理图文件

执行"File / Save As"菜单命令,将新建原理图文件重命名为"单片机最小系统原理图.SchDoc",并指定保存位置,单击"Save"保存。

2) 原理图图纸的设置

执行"Design / Document Options"菜单命令,打开文件选项对话框,弹出图纸设置对话框,如图 2-5-3 所示。

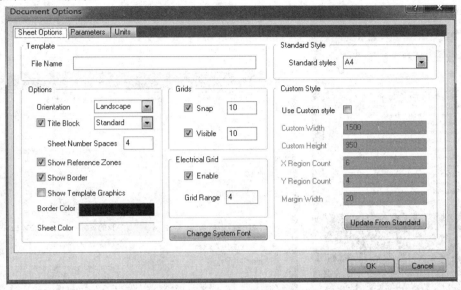

图 2-5-3　图纸设置对话框

在"Sheet Options"标签,在"Standard Style"选项区域设置图纸大小为标准 A4 格式,单击"OK"按钮关闭对话框,更新图纸大小。原理图工作环境其他选项采用默认设置。原理图的图纸设置好以后,就可以开始电路原理图的绘制了。

2. 绘制原理图

将图 2-5-1 单片机最小系统原理图中所需元件整理成表 2-5-1 的形式。

表 2-5-1　单片机最小系统原理图元件列表

元件名称 (Lib Ref)	元件所在库 (Library)	元件编号 Designator)	元件值 (Value)	元件封装 (Footprint)
Res1	MiscellaneousDevices.IntLib	R1～R8	1 kΩ	AXIAL-0.3
Res2	MiscellaneousDevices.IntLib	R9	10 kΩ	AXIAL-0.4
Cap	MiscellaneousDevices.IntLib	C1- C3	30 pF	RAD-0.3
Cap2	MiscellaneousDevices.IntLib	C4	10 μF	CAPR5-4X5
LED1	MiscellaneousDevices.IntLib	led1- led 8		LED-1
XTAL	MiscellaneousDevices.IntLib	Y1		R38
P80C52SBPN	PhilipsMicrocontroller8-Bit.IntLib	U1		SOT129-1
Header 2	MiscellaneousConnectors.IntLib	P1		HDR1X2

1) 放置元件

单击如图 2-5-4 所示的"libraries"面板上"Search…"按钮，出现如图 2-5-5 所示的元件搜索对话框，在空白处输入"*80*52"，"*80*52"中的"*"是通配符，在元件名不完全清楚的情况下代替一个或多个真正字符。Available libraries 为用户已装载的元件库。Libraries on path 为用户指定存储路径的元件库。设置完成后的对话框如图 2-5-6 所示，单击"Search"按钮开始搜索。

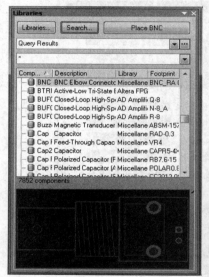

图 2-5-4 "libraries"面板

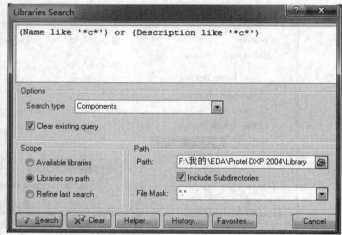

图 2-5-5 元件搜索对话框

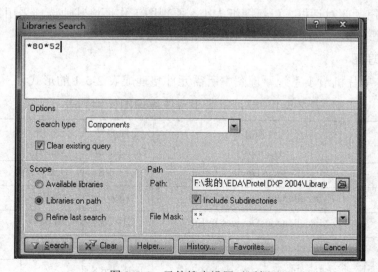

图 2-5-6 元件搜索设置对话框

在搜索结果对话框(见图 2-5-7)中选择元件 P80C52SBPN。此时，会出现如图 2-5-8 所示的对话框，询问是否要加载此元件库，可以选择"No"选项，就将单片机芯片放置在图纸上了，如图 2-5-9 所示。

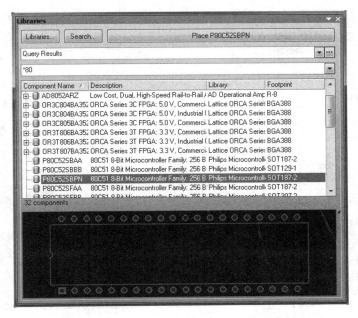

图 2-5-7 搜索结果对话框

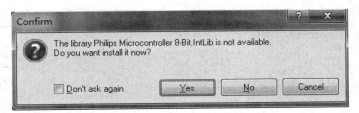

图 2-5-8 是否加载元件库对话框

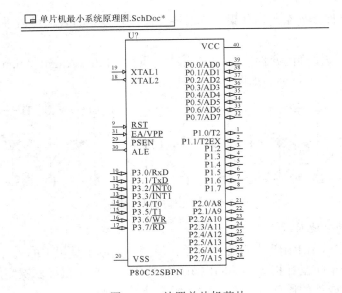

图 2-5-9 放置单片机芯片

按照上述方法将电容、三极管等元件都放置到绘图区中，并按照元件属性表设置元件属性，完成后的效果如图 2-5-10 所示。

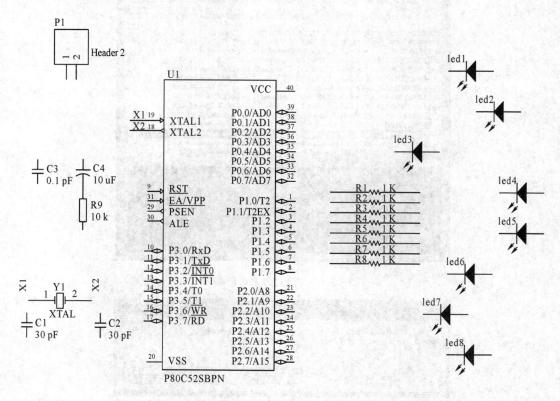

图 2-5-10　元件放置完成

2) 元件的排列与对齐

原理图中的元件排列杂乱，如果一一对齐，操作较复杂。我们可以进行元件的排列与对齐。

首先，选中所需排列的元件，如 LED 元件，执行"Edit / Align / Align left"菜单命令，完成 LED 元件的左对齐排列，如图 2-5-11 所示。

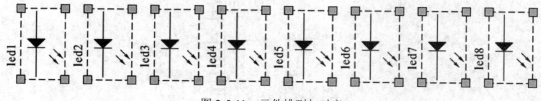

图 2-5-11　元件排列与对齐

3) 放置电源和接地符号

执行"Place / Power Port"菜单命令或单击原理图绘制工具栏上的 ![] 、![vcc] 按钮，这时编辑窗口中会有一个随鼠标指针移动的电源或接地符号，单击鼠标左键完成电源和接地符号的放置，绘制完成后的原理图如图 2-5-12 所示。

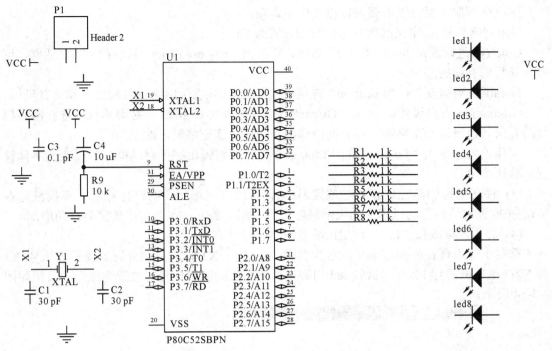

图 2-5-12 放置电源和接地符号

4) 绘制导线

单击原理图绘制工具栏上的 ≋ 按钮或执行"Place / Wire"菜单命令将编辑状态切换到连线模式,此时鼠标指针的形状也会由空心箭头变为大十字。这时只需将鼠标指针指向欲拉连线的一端,单击鼠标左键就会出现一个可以随鼠标指针移动的预拉线。

当光标靠近元件引脚时,出现一个红色的×表示电气连接的意义,单击鼠标左键确定导线连接。移动鼠标到导线折点或终点处单击鼠标左键,每转折一次都要单击鼠标一次。完成导线的绘制后,右击鼠标退出导线的绘制。

5) 网络与网络标号

原理图中除了通过导线来定义元件之间的电气连接外,我们还可以通过设置网络标号来实现电气连接。在一些复杂的电路中,使用网络标号可以使图纸变得清晰易读。所谓网络标号,其实就是一个电气节点,具有相同网络标号的如电源及接地符号、元件引脚、导线等在电气关系上是连接在一起的。例如:单片机最小系统原理图中,单片机 80C51 的 P2 口与电阻 R1~R8 与二极管 led 相连,可以使用网络标号来实现电气连接。

(1) 启动执行网络标号命令。启动执行网络标号命令可以执行"Place / Net Label"菜单命令或者单击绘图工具栏中的 按钮,光标变成十字形,一个虚线框悬浮在游标上。此方框的大小、长度和内容由上一次使用的网络标号决定。

(2) 将游标移动到需要放置网络标号的位置,如电阻 R1 引脚,游标上出现红色的×,单击鼠标就可以放置一个网络标号了。在放置网络标号前可以按"Tab"键,修改网络标号的属性。或者在放置网络标号完成后,双击网络标号也可打开网络标号属性对话框,如图 2-5-13 所示。

网络标号属性对话框主要可以设置以下选项：

Net(网络标号)：定义网络标号，我们设置为 D0。

Color(颜色设置)：单击"Color"选项，将弹出"Choose Color"(选择颜色)对话框，可以选择我们喜欢的颜色。

Location(坐标设置)："Location"选项中设置 X、Y，表明网络标号的水平和垂直坐标。

Orientation(方向设置)：单击"Orientation"栏中的 0 degrees 下拉菜单可以选择网络标号的方向。也可以用空格键实现方向的调整，每按一次空格键，改变 90°。

字体设置：单击"Font"中的"Change"按钮，将弹出字体对话框，可以改变字体设置，默认即可。

(3) 移动鼠标到其他位置继续放置网络标号(放置完第一个网路标号后，不按鼠标右键)。在放置网络标号的过程中如果网络标号的末尾为数字，那么这些数字会自动增加。

(4) 右击鼠标或按"Esc"键退出放置网络标号状态。

重复上述步骤在晶振与单片机芯片引脚 XTAL1、XTAL2 上也分别放置网络标号 X1 和 X2；单片机芯片 P2 与二极管 led 引脚也放置相应的网络标号，放置完成后的效果如图 2-5-14 所示。

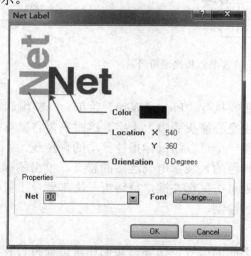

图 2-5-13 网络标号属性对话框

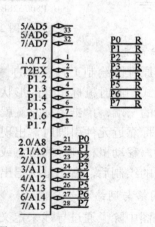

图 2-5-14 放置完成网络标号

6) 绘制总线和总线分支

总线就是用一条线来表达数条并行的导线，如常说的数据总线、地址总线等。总线分支是单一导线进出总线的端点。

导线与总线连接时必须使用总线分支，总线和总线分支没有任何的电气连接意义，只是让电路图看上去更有专业水准，因此由总线接出的各个单一导线上必须放置网络标号来完成电气意义上的连接。

绘制总线分支的步骤如下：

(1) 执行"Place / Bus Entry"菜单命令或者单击绘图工具栏中的总线分支图标，光标变成十字形，并有分支线" \ "悬浮在游标上。如果需要改变分支线的方向，仅需要按空格键就可以了。按下"Tab"键，将弹出"Bus Entry"(总线分支属性)对话框，或者在绘制总线分支后，双击总线分支，同样弹出总线分支属性对话框，如图 2-5-15 所示。

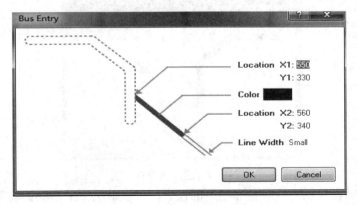

图 2-5-15 总线分支属性对话框

在总线分支属性对话框中，可以设置颜色、线宽、位置和颜色，这里采用默认设置即可。

(2) 移动游标到所要放置总线分支的位置，如 P2 口引脚、led 引脚等，游标上出现两个红色的十字叉，单击鼠标即可完成第一个总线分支的放置。依次可以放置所有的总线分支。

(3) 绘制完所有的总线分支后，右击鼠标或按"Esc"键退出绘制总线分支状态。光标由十字形变成箭头。

绘制总线的步骤是：单击绘图工具栏的总线图标 ![icon] 或执行"Place / Bus"菜单命令，光标变成十字形，在恰当的位置单击鼠标确定总线的起点，在转折处单击鼠标左键或在总线的末端单击鼠标左键，绘制总线的方法与绘制导线的方法基本相同，绘制完成后的效果如图 2-5-16 所示。

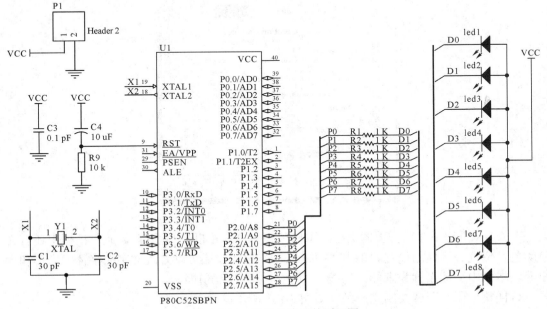

图 2-5-16 绘制总线后的原理图

总线属性的设置：在绘制总线状态下按"Tab"键或在绘制总线完成后双击总线，将弹出 Bus(总线属性)对话框，如图 2-5-17 所示。

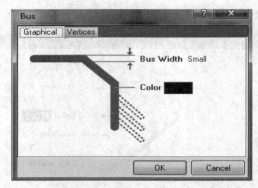

图 2-5-17 总线属性对话框

总线属性对话框包括总线颜色和宽度的设置。一般情况下采用默认设置即可。

7) 放置文字

电路图画好后，有时需要对电路图添加一些注释文字。

执行"Place / Text String"菜单命令或者单击画图工具栏中的图标 **A**，光标将带着一个虚线框出现在屏幕上，按下"Tab"键，出现如图 2-5-18 所示的文字输入对话框。

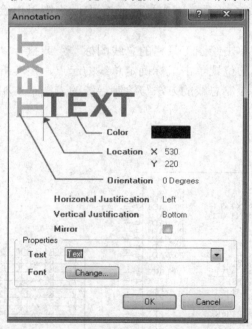

图 2-5-18 文字输入对话框

在"Text"栏中输入需要的文字，本例中输入"单片机最小系统"。此对话框中还有文字颜色、位置等属性的设置。单击"Change…"按钮，还可以修改文字的字体、字形和大小等。本例中字体设置为宋体，16 号，其他参数取默认值即可。

这样整个原理图就绘制完成了，如图 2-5-1 所示。

8) 生成网络表

绘制原理图的最主要目的是为了将设计电路图转换成一个有效的网络表，以供其他后续处理程序使用。

网络表是纯文本文件，主要内容是原理图中各元件的数据以及元件之间网络连接的数据。用户也可以利用一般的文本编辑程序自行建立或修改存在的网络表。

(1) 创建网络表。执行"Design / Netlist for document / Protel"菜单命令，将产生一个与原理图文件同名的网络表，后缀名为".NET"，即"单片机最小系统原理图.NET"，如图 2-5-19 所示。文件保存在工作面板中该项目的"Generated"选项。

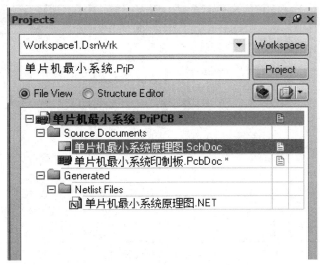

图 2-5-19　网络表的生成

(2) Protel 的网络表格式。双击"单片机最小系统原理图.NET"图标，将显示网络表的详细内容。

Protel 网络表的格式由两部分组成，一部分是元件的定义，另一部分是网络的定义。

① 元件的定义。网络表第一部分是对所使用的元件进行定义，一个典型的元件定义如下：

　　[
　　　　C1　；元件名称
　　　　RAD-0.3；元件的封装
　　　　30pf；元件注释
　　]；

每一个元件的定义都以符号"["开始，以符号"]"结束。第一行是元件的名称，即 Designator 信息；第二行是元件的封装，即 Footprint 信息；第三行为元件的注释。

② 网络的定义。网络表的后半部分为电路图中所使用的网络定义。每一个网络定义就是对应电路中有电气连接关系的一个点。一个典型的网络定义如下：

　　(
　　　　D1；　网络名称
　　　　Led2-2；元件编号 3，引脚号为 2
　　　　R2-2　；元件编号为 1，引脚号为 14
　　)；

每一个网络定义的部分从符号"("开始，以符号")"结束。"("符号下第一行为网络的名称。以下几行都是连接到该网络点的所有元件的元件编号和引脚号。

(3) 产生元件列表。元件的列表主要是用于整理一个电路或一个项目文件中的所有元件。它主要包括元件的名称、标注、封装等内容。产生元件列表的步骤如下：

执行"Reports / Bills of Material"菜单命令，系统会弹出项目的 BOM(Bill Of Material) 窗口，在此窗口可以看到元件列表，如图 2-5-20 所示。

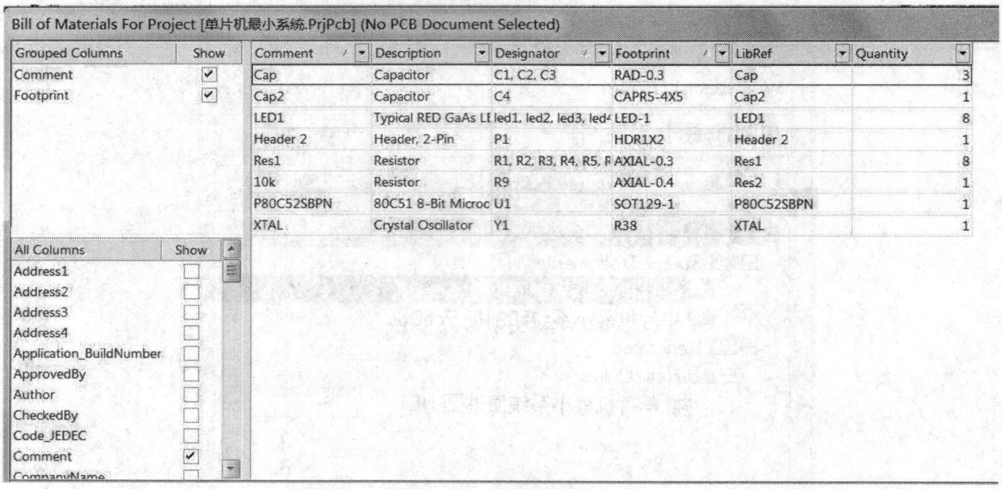

图 2-5-20 BOM 窗口

单击"Report"按钮，则可以生成预览元件报告。如果单击"Export"按钮，则可以将元件报表导出，系统会弹出导出项目的元件列表对话框，选择需要导出的一个类型即可。

任务二　单片机最小系统 PCB 电路的设计

一、任务要求

创建 PCB 文件：单片机最小系统.PrjPCB。在该文件中规划电路板电气边框尺寸：2800 mil × 2500 mil；布线规则：导线宽度为 10 mil，电源线宽度为 15 mil。在电路板上敷铜，敷铜层为底层。设计完成进行设计规则检查(DRC)，并根据报告的错误提示进行调整，直到无错误为止。

二、知识链接

(一) PCB 的概念

1. PCB 的结构

在学习 PCB 设计之前，首先要了解一些基本的概念。一般的 PCB 有 Single Layer PCB(单面板)、Double Layer PCB (双面板)、四层板、多层板等。

(1) 单面板是一种单面敷铜，因此只能利用敷铜的一面设计电路导线和元件的焊接。

(2) 双面板是 Top(顶层)和 Bottom(底层)双面都有敷铜的电路板,双面都可以布线焊接,是常用的一种电路板。

(3) 如果在双面板的顶层和底层之间加上别的层即构成了多层板,比如放置两个电源板层构成的四层板。通常的 PCB,包括顶层、底层和中间层,层与层之间是绝缘层,用于隔离布线层。它的材料要求耐热性和绝缘性好。早期的电路板多使用电木为材料,而现在多以使用玻璃纤维为主。

一般的电路系统设计用双面板和四层板即可满足设计需要,只是在较高级电路设计中,或者有特殊需要,比如对抗高频干扰要求很高情况下才使用六层及六层以上的多层板。多层板制作时是一层一层压合的,所以层数越多,设计或制作过程都将更复杂,设计时间与成本也将大大提高。

多层板的 Mid-Layer(中间层)和 Internal Plane(内层)是不相同的两个概念,中间层是用于布线的中间板层,该层均布的是导线,而内层主要用做电源层或者地线层,由大块的铜膜所构成。

在图 2-5-21 中的多层板共有 6 层设计。最上面为 Component Side(元件面);最下为 Solder Side(焊接面) Layer(底层)。中间 4 层中有两层内层,即 Innerr Layer 1 和 Inner Layer 2,这两层均为布线层;另外两层为 Power Plane(电源层)和 Ground Plane(接地层)。

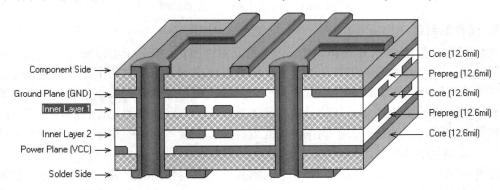

图 2-5-21 多层板结构图

在 PCB 布上铜膜导线后,还要在顶层和底层上印刷一层 Solder Mask(防焊层),它是一种特殊的化学物质,通常为绿色。该层不粘焊锡,防止在焊接时相邻焊接点的多余焊锡短路。防焊层将铜膜导线覆盖住,防止铜膜过快在空气中氧化,但是在焊点处留出位置,并不覆盖焊点。

对于双面板或者多层板,防焊层分为顶面防焊层和底面防焊层两种。

电路板制作最后阶段,一般要在防焊层之上印上一些文字符号,比如元件名称、元件符号、元件管脚和版权等,方便以后的电路焊接和查错等。这一层为 Silkscreen Overlay (丝印层)。多层板的防焊层分 Top Overlay (顶面丝印层)和 Bottom Overlay (底面丝印层)。

2. 过孔

过孔就是用于连接不同板层之间的导线。过孔内侧一般都由焊锡连通,用于元件的管脚插入。

过孔分为 3 种:从顶层直接通到底层的过孔称为 Thruhole Vias (穿透式过孔);只从

顶层通到某一层里层,并没有穿透所有层,或者从里层穿透出来的到底层的过孔称为 Blind Vias(盲过孔);只在内部两个里层之间相互连接,没有穿透底层或顶层的过孔称为 Buried Vias(隐藏式过孔)。

3. 铜膜导线

电路板制作时用铜膜制成铜膜导线(Track),用于连接焊点和导线。铜膜导线是物理上实际相连的导线,有别于印制板布线过程中的预拉线(又称为飞线)概念。预拉线只是表示两点在电气上的相连关系,但没有实际连接。

4. 焊盘

焊盘用于将元件管脚焊接固定在印制板上完成电气连接。焊盘在印制板制作时都预先布上锡,并不被防焊层所覆盖。

通常焊盘的形状有以下三种,即圆形(Round)、矩形(Rectangle)和正八边形(Octagonal),如图 2-5-22 所示。

图 2-5-22 圆形、矩形和正八边形焊盘

5. 元件的封装

元件封装一般指在 PCB 编辑器中,为了将元器件固定、安装于电路板而绘制的与元器件管脚距离、大小相对应的焊盘,以及元件的外形边框等。由于它的主要作用是将元件固定、焊接在电路板上,因此它在焊盘的大小、焊盘间距、焊盘孔径大小、管脚的次序等参数上有非常严格的要求;元器件的封装和元器件实物、电路原理图元件管脚序号三者之间必须保持严格的对应关系;为了制作正确的封装,必须参考元件的实际形状,测量元件管脚距离、管脚粗细等参数。

元件封装是一个空间的概念,对于不同的元件可以有相同的封装,同样一种封装可以用于不同的元件。因此,在制作电路板时必须知道元件的名称,同时也要知道该元件的封装形式。

(1) 元件封装的分类。普通的元件封装有针脚式封装和表面粘着式封装两大类。

① 针脚式封装。针脚式封装的元件必须把相应的针脚插入焊盘过孔中,再进行焊接。因此所选用的焊盘必须为穿透式过孔,设计时,焊盘板层的属性要设置成 Multi-Layer,如图 2-5-23 所示。

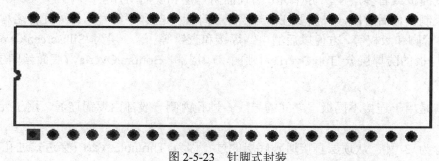

图 2-5-23 针脚式封装

② SMT(表面粘着式封装)。这种元件的管脚焊点不只用于表面板层,也可用于表层或者底层,焊点没有穿孔。设计的焊盘属性必须为单一层面,如图 2-5-24 所示。

图 2-5-24　表面粘着式元件的封装

(2) 常见的几种元件的封装。常用元件封装类型如表 2-5-2 所示。

表 2-5-2　常用元件封装类型

封 装 类 型	封 装 图 示
电阻类元件常用封装为 AXIAL-XX,该封装编号的含义：元件类型+焊盘距离(焊盘数)+元件外形尺寸。例：AXIAL – 0.4,表示此元件封装为轴状,两焊盘间的距离为 400mil(100mil=0.254mm),如右图所示	
常见的晶体管的封装,如：BCY-W3,如右图所示	
集成电路常见的封装是双列直插式封装 DIP。例：DIP-4 表示双列直插式元件封装,4 个焊盘引脚,两焊盘间的距离为 100mil,如右图所示	
极性电容封装,如右图所示	
无极性电容封装 RAD-XX,XX 表示两个焊盘间的中心距离,如右图所示	

(二) PCB 的设计流程

PCB 的设计流程如图 2-5-25 所示。

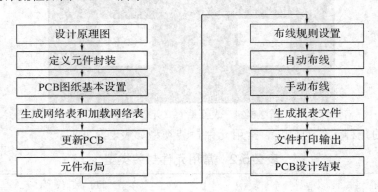

图 2-5-25 PCB 设计流程图

1. 设计原理图

这是设计 PCB 电路的第一步,就是利用原理图设计工具先绘制好原理图文件。如果在电路图很简单的情况下,也可以跳过这一步直接进入 PCB 电路设计步骤,进行手工布线或自动布线。

2. 定义元件封装

原理图设计完成后,元件的封装有可能被遗漏或有错误。正确加载网络表后,系统会自动地为大多数元件提供封装。但是对于用户自己设计的元件或者是某些特殊元件,必须由用户自己定义或修改元件的封装。

3. PCB 图纸的基本设置

这一步用于对 PCB 图纸进行属性设置,主要有:设定 PCB 的结构及尺寸、板层数目、通孔的类型、网格的大小等,也可以采用系统提供的 PCB 设计向导进行设置。

4. 生成网络表和载入网络表

网络表是电路原理图和印制电路板设计的接口,只有将网络表引入 PCB 系统后,才能进行电路板的自动布线。

在设计好的 PCB 上生成网络表和加载网络表,必须保证产生的网络表已没有任何错误,所有元件能够很好地加载到 PCB 中。加载网络表后系统将产生一个内部的网络表,形成飞线。

5. 元件布局

根据网络表由电路原理图转换成的 PC 图,元件布局一般都不规则,甚至有的相互重叠,因此必须将元件进行重新布局。

元件布局的合理性将影响到布线的品质。在进行单面板设计时,如果元件布局不合理将无法完成布线操作。在进行双面板等设计时,如果元件布局不合理,布线时将会放置很多过孔,使电路板走线变得复杂。

6. 布线规则设置

在实际布线之前，要进行布线规则的设置，这是 PCB 设计所必需的一步。在这里用户要定义布线的各种规则，比如安全距离、导线宽度等。

7. 自动布线

Protel DXP 提供了强大的自动布线功能，在设置好布线规则之后，可以用系统提供的自动布线功能进行自动布线。只要设置的布线规则正确、元件布局合理，一般都可以成功完成自动布线。

8. 手动布线

在自动布线结束后，有可能因为元件布局或别的原因，自动布线无法完全解决问题或产生布线冲突，则需要进行手动布线加以设置或调整。如果自动布线成功，则可以不必手动布线。

在元件很少且布线简单的情况下，也可以直接进行手动布线，当然这需要一定的熟练程度和实践经验。

9. 生成报表文件

印制电路板布线完成之后，可以生成相应的各类报表文件，比如元件清单、电路板信息报表等。这些报表可以帮助用户更好地了解所设计的印制电路板和管理所使用的元件。

10. 文档打印输出

生成了各类文档后，可以将各类文档打印输出保存，PCB 文件和其他报表文件均可打印，以便永久存档。

三、任务实施

（一）新建 PCB 文件和设计环境的编辑

一般情况下，PCB 文件总是和原理图设计文件放在同一个设计工程文档中的。在已经有设计项目文档的情况下，则可以进入下一步，开始设计 PCB 文档。

1. 新建 PCB 文档

在 Files 面板，执行"File / New / PCB"菜单命令，新建一个 PCB 文件，如图 2-5-26 所示。系统自动把该 PCB 图纸加入当前的项目工程文件"单片机最小系统.PRJPCB"中，文件名为"PCB1.PCBDOC"。

在文件工作面板中右击鼠标，在弹出的菜单中选择"Save As…"选项，将其保存为"单片机最小系统印制板.PCBDOC"。

如果原来没有建立设计工程文件，则 PCB 文档建立后是自由文件。新建空白图纸后，可以手动设置图纸的尺寸大小、栅格大小、图纸颜色等。

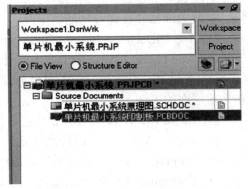

图 2-5-26　新建 PCB 文档

2. PCB 编辑环境

PCB 文档创建后即启动了 PCB 编辑器，如图 2-5-27 所示。

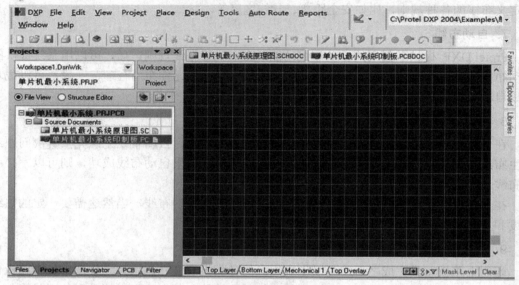

图 2-5-27 PCB 编辑器

1) 定义布线板层和非电层

印制电路板有单面板、双面板和多层板。电路板的物理构造有两种类型，即布线板层和非电层。

布线板层：即电气层。Protel DXP 可以提供 32 个信号层(包括顶层和底层，最多可设计 30 个中间层)和 16 个内层。非电层：分成两类，一类是机械层，另一类为特殊材料层。Protel DXP 可提供 16 个机械层，用于信号层之间的绝缘等。特殊材料层包括顶层和底层的防焊层、丝印层、禁止布线层等。

Protel DXP 提供了一个板层管理器，对各种板层进行设置和管理，启动板层管理器的方法有两种：一是执行"Design / Layer Stack Manager…"菜单命令；二是在右侧 PCB 图纸编辑区内右击鼠标，从弹出的右键菜单中执行"Option / Layer Stack Manager…"命令，均可启动板层管理器。启动后的对话框如图 2-5-28 所示。

板层管理器的设置及功能如下：

(1) Top Dielectric、Bottom Dielectric 选项，用于是否为顶层或底层添加绝缘层。

(2) Add Layer 按钮，用于向当前设计的 PCB 中增加一层中间层。

(3) Add Plane 按钮，用于向当前设计的 PCB 中增加一层内层。新增加的层面将添加在当前层面的下面。

(4) Move Up 和 Move Down 按钮，将当前指定的层进行上移和下移操作。

(5) Delete 按钮，可以删除所选定的当前层。

(6) Properties 按钮，将显示当前选中层的属性。

(7) Configure Drill Pairs…按钮，用于设计多层板，添加钻孔层的对数，主要用于盲过孔的设计中。

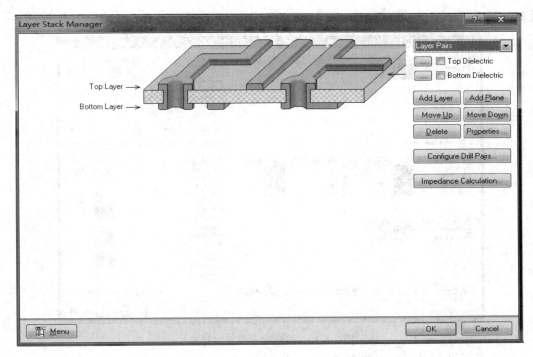

图 2-5-28　板层管理器

鼠标左键单击板层管理器左下角 Menu 按钮，可弹出如图 2-5-29 所示的菜单选项。

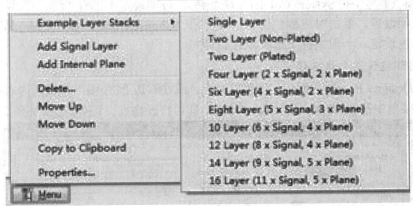

图 2-5-29　板层管理器 Menu 菜单

Example Layer Stacks：为用户提供了多种不同结构的电路板模板，如单层板、双层板等。

Add Signal Layer：添加信号层。

Add Internal Plane：添加内电层。

板层管理器默认为双面板设计，即给出了两层布线层即顶层和底层。单击"OK"按钮将关闭板层管理器对话框。

2）图纸颜色设置

执行"Design / Board Layers…"菜单命令，或在右边 PCB 图纸编辑区内右击鼠标，从弹出的右键菜单中选择"Option / Board Layers & Colors…"菜单命令，可打开颜色显示设置对话框，如图 2-5-30 所示。

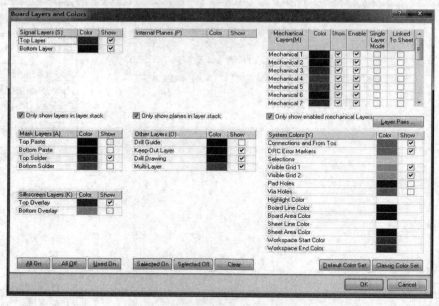

图 2-5-30　颜色显示设置对话框

颜色显示设置对话框中共有 7 个选项区域，分别为 Signal Layers(信号层)、Internal Planes(内层)、Mechanical Layers(机械层)、Mask Layers(阻焊层)、Silk Screen Layers(丝印层)、Other Layers(其他层)和 System Colors(系统颜色)。每项设置中都有"Show"复选项，决定是否显示该项设置。单击对应颜色图示，将弹出"Choose Color"(颜色选择)对话框，可在其中进行颜色设定。一般情况下选择默认值即可。

3) 使用环境设置和格点设置

执行"Design / Board Options…"菜单命令，或在右边 PCB 图纸编辑区内右击鼠标，从弹出的右键菜单中选择"Option / Grids…"命令，即可打开格点设置对话框，如图 2-5-31 所示。

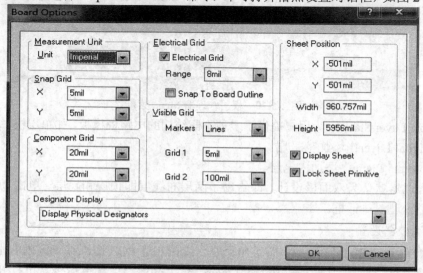

图 2-5-31　格点设置对话框

格点设置对话框中共有 6 个选项区域，分别用于电路板的设计，其主要设置及功能与原理图编辑器的格点设置相同，这里不再详细叙述。

(二) 元件的搜索

1. 元件库的加载

Protel DXP 提供了元件库管理器进行元件的封装管理，方便用户加载元件库，同时用于查找元件和放置元件。

前面已经介绍过在 SCH 原理图中对于元件所在库的添加和删除，同样对应到 PCB 设计时也要添加相应的 PCB 元件封装库，方法与原理图元件库的添加和删除方法相同。

元件库管理器窗口如图 2-5-32 所示。元件库管理器提供了 Components(元件)和 Footprints (封装)两种查看方式，单击其中某一单选按钮，即可进入相应的查看方式。

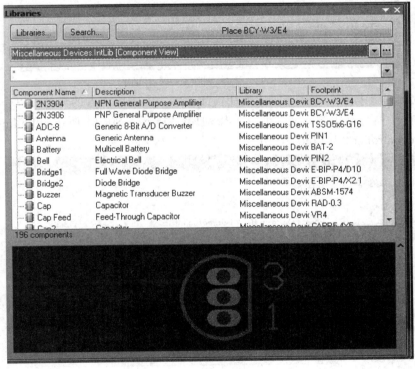

图 2-5-32　元件库管理器窗口

其中"Miscellaneous Devices.IntLib"一栏下拉菜单显示了当前已经加载的元件集成库。

在元件搜索区域可以输入元件的关键信息，对所选中的元件集成库进行查找。如果输入"*"号，则表示显示当前元件库下所有的元件，并可将所有当前库提供的元件都在元件浏览框中显示出来，包括元件的 Footprint Name (封装信息)。

当在元件浏览框中选中一个元件时，该元件的封装形式就会显示在元件显示区域中。

单击"Libraries…"按钮，打开添加/删除元件库对话框，如图 2-5-33 所示，显示已加载的元件库。单击"Install"按钮或"Remove"按钮可以对元件库进行添加和删除操作。

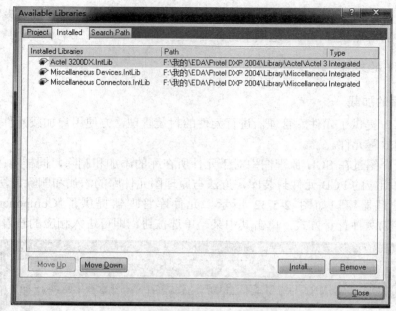

图 2-5-33 添加/删除元件库对话框

单击"Install"按钮,可以添加本例所需元件库。Protel DXP 的元件库以公司名分类,因此本例中除了两个常用的库文件外,还得添加单片机芯片 80C51 所在的 Philips 文件夹下 Philips Microcontroller 8-Bit.IntLib 元件库,如图 2-5-34 所示。

图 2-5-34 元件封装搜索

2. 元件搜索

如果不知道某一元件的提供商时,可以回到元件库管理器,使用元件库的查找功能进行搜索,取得元件的封装形式。在元件库管理器上,单击"Search"按钮,出现如图 2-5-35

所示的对话框，进行元件库搜索。

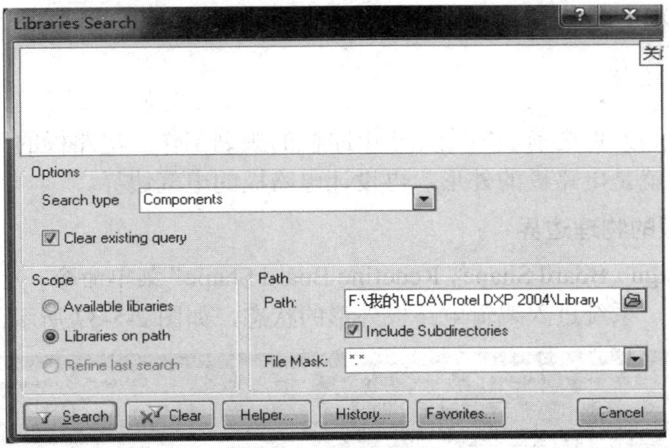

图 2-5-35 元件库搜索

在"Search type"复选框中，选择"Protel Footprint"。在"Scope"选项区域中，选定"Available Libraries"单选项，即对已经添加到设计项目的库进行元件的搜索。选定"Libraries on path"单选项，可以指定对一个特定的目录下的所有元件库进行搜索。

在"Path"选项区域中，选中 Include Subdirectories 复选项，则对所选目录下的子目录进行搜索。

例如，在不知道 DIP-16 形式封装的元件位于哪个库中的情况下，可以在"Search Criteria"选项区域的"Name"文本框中输入要搜索的信息名。在这里输入"*DIP16*"，然后单击"Search"按钮，系统将在指定的库里搜索。元件搜索的结果即出现在"Query Results"选项卡里，如图 2-5-36 所示。

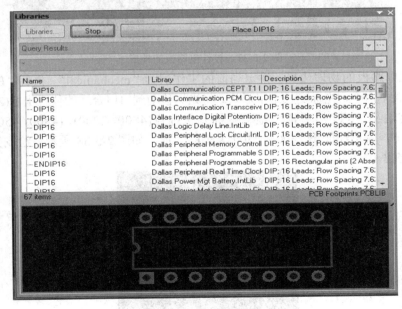

图 2-5-36 元件搜索结果对话框

在元件搜索结果对话框中，显示出搜索的元件名、元件所在库的名称，并且显示该元件的封装图标。

单击"Place DIP16"按钮,可以选中该元件,直接在 PCB 设计图纸上进行元件放置。

(三) 规划电路板

在装入网络表和元件之前,应先完成电路板的规划工作。电路板的规划通常先规划电路板的物理边界也就是电路板的外形,再设计电路板的电气边界。

1. 设计电路板的物理边界

(1) 执行"Design / Board Shape / Redefine Board Shape"菜单命令,光标变成十字形状,工作窗口变成绿色,系统进入编辑电路板外形的状态,如图 2-5-37 所示。

图 2-5-37 设计电路板的外形

(2) 确定电路板的物理边界。设定当前的工作层为"mechanical"。执行"Place / Keep Out / Track"菜单命令,光标变成十字形状。将光标移动到窗口合适的位置坐标(2000,2000)处,单击确定边界一点,然后依次拖动鼠标到坐标点(4800,2000),(4800,4500),(2000,4500)单击确定,就可绘制出 2800 × 2500 大小的矩形,如图 2-5-38 所示。绘制完成后,单击鼠标右键退出。

图 2-5-38 确定电路板的物理边界

2. 规划电路板电气边界

规划完电路板物理边界后还要规划电路板的电气边界。电气边界用来限定布线和元件放置的范围，要在禁止布线层设置。通常可将电气边界与物理边界规划成相同大小，绘制方法也与物理边界的绘制方法相同。绘制完成后所有信号层的目标对象(如：焊盘、过孔等)和走线都被限定在电气边界内。

（四）更新 PCB

生成网络表后，即可将网络表里的信息导入印制电路板，为电路板的元件布局和布线做准备。

在 SCH 原理图编辑环境下，打开"单片机最小系统原理图.SchDoc"文件。执行"Design / Update PCB document"菜单命令，弹出如图 2-5-39 所示的"Engineering Change Order"对话框。

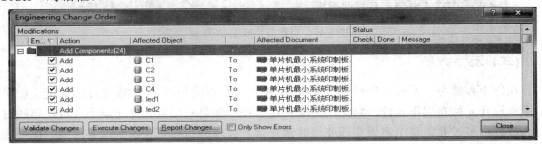

图 2-5-39　更改命令管理对话框

更改命令管理对话框中显示出当前对电路进行的修改内容，左边为"Modifications"(修改)列表，右边是对应修改的"Status"(状态)列表。

单击"Validate Changes"按钮，系统将检查所有的更改是否都有效，如果有效，将在右边"Check"栏对应位置打钩，如果有错误，Check 栏中将显示红色错误标志。

一般的错误都是由于元件封装定义不正确，系统找不到给定的封装，或者设计 PCB 时没有添加对应的集成库。此时则返回到 SCH 原理图编辑环境中，对有错误的元件进行更改，直到修改完所有的错误即"Check"栏中全为正确内容为止。

单击"Execute Changes"按钮，系统将执行所有的更改操作，如果执行成功，"Status"下的"Done"列表栏将被勾选，执行结果如图 2-5-40 所示。

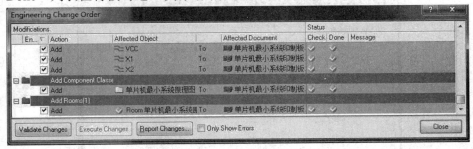

图 2-5-40　显示所有修改过的结果

单击"Close"按钮关闭该对话框，进入 PCB 编辑窗口。此时所有的元件都已经添加到"单片机最小系统印制板.PcbDoc"文件中，元件之间的飞线也已经连接。

但是所有元件几乎都重叠在一起,如图 2-5-41 所示,超出 PCB 图纸的编辑范围,因此必须对元件进行重新布局。

图 2-5-41　更新后生成的 PCB 图

(五) 元件布局

在以上步骤中,所有元件已经更新到 PCB 上。合理的布局是 PCB 布线的关键。如果单面板设计元件布局不合理,将无法完成布线操作;如果双面板元件布局不合理,布线时将会放置很多过孔,使电路板布线变得非常复杂。合理的布局要考虑到很多因素,比如电路的抗干扰等,在很大程度上取决于用户的设计经验。

Protel DXP 提供了两种元件布局的方法,一种是自动布局;另一种是手动布局。这两种方法各有优劣,用户应根据不同的电路设计需要选择合适的布局方法。

1. 自动布局

元件的自动布局(Auto Place)适合元件比较多的情况。Protel DXP 提供了强大的自动布局功能,定义合理的布局规则,采用自动布局将大大提高设计电路板的效率。

自动布局的操作方法是:在 PCB 编辑环境下,执行"Tools / component placement / Auto Placer"菜单命令,在弹出的"Auto Place"(自动布局)对话框中,有两种布局规则可以供选择,如图 2-5-42 所示。

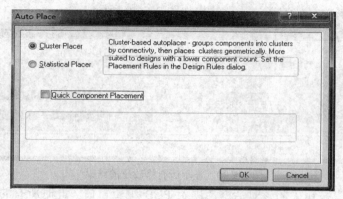

图 2-5-42　自动布局对话框

(1) "Cluster Placer"选项，系统将根据元件之间的连接性，将元件划分成一个个的集群(Cluster)，并以布局面积最小为标准进行布局。这种布局适合元件数量不太多的情况。

(2) "Quick Component Placement"复选项，系统将以高速进行布局。本项目采用"Cluster Placer"选项，"Quick Component Placement"复选项不选。

(3) "Statistical Placer"(统计方法布局)选项，系统将以元件之间连接长度最短为标准进行布局。这种布局适合元件数目比较多的情况(比如元件数目大于 100)。选择该选项后，对话框中的说明及设置将随之变化，如图 2-5-43 所示。

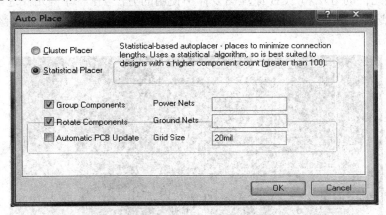

图 2-5-43 统计方法布局对话框

统计方法布局对话框中的设置及功能如下：

(1) Group Components 复选项：用于将当前布局中连接密切的元件组成一组，即布局时将这些元件作为整体来考虑。

(2) Rotate Components 复选项：用于布局时对元件进行旋转调整。

(3) Automatic PCB Update 复选项：用于在布局中自动更新 PCB。

(4) Power Nets 文本框：用于定义电源网络名称。

(5) Ground Nets 文本框：用于定义接地网络名称。

(6) Grid Size 文本框：用于设置格点大小。

如果选择"Statistical Placer"单选项的同时，选中"Automatic PCB Update"复选项，将在布局结束后对 PCB 进行自动元件布局更新。

所有选项设置完成后，单击"OK"按钮，关闭设置对话框，进入自动布局。布局所花的时间根据元件的数量多少和系统配置高低而定。布局完成后，系统出现布局结束对话框，单击"OK"按钮结束自动布局过程，此时所需元件将布置在 PCB 内部，自动布局后的 PCB 如图 2-5-44 所示。

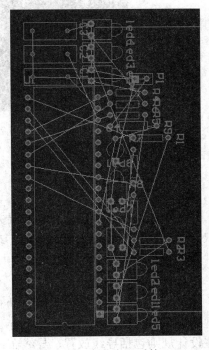

图 2-5-44 自动布局后的 PCB

在布局过程中,如果想中途终止自动布局的过程,可以执行 Tools / Auto Placement / Stop Auto Placer"菜单命令,即可终止自动布局。

2. 手动布局

使用自动布局功能,虽然布局的速度和效率都很高,但是布局的结果并不令人满意。元件之间的标志都有重叠的情况,布局后元件非常凌乱。因此,本项目中还要采用手动布局进行设计。

手动调整元件的方法和 SCH 原理图设计中使用的方法类似,即将元件选中进行重新放置。使用左键选中元件后拖动,此过程中元件之间的飞线不会断开。手动调整后的 PCB 如图 2-5-45 所示。

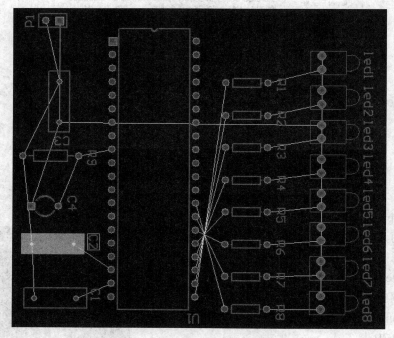

图 2-5-45　手动调整后的 PCB

(六) 自动布线和手动布线

1. 自动布线

在对印制电路板进行自动布局并且设置好布线规则后,即可给元件布线。布线可以采取自动布线和手动布线调整两种方式。Protel DXP 提供了强大的自动布线功能,它适合元件数目较多的情况。

1) 布线规则设置

进行自动布线,首先设置自动布线规则。执行"Design / Rules"菜单命令,弹出布线规则设置对话框,如图 2-5-46 所示。Protel DXP 提供了详尽的 10 种不同的设计规则,这些设计规则包括导线放置、导线布线方法、元件放置、布线规则、元件移动和信号完整性等规则。根据这些规则,Protel DXP 进行自动布局和自动布线。很大程度上,布线是否成功和布线的品质的高低取决于设计规则的合理性，也依赖于用户的设计经验。

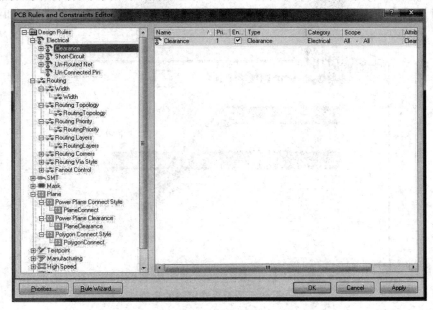

图 2-5-46 布线规则设置对话框

(1) 电气设计(Electrical)规则。该选项包括安全距离、短路允许等 4 个方面的设置。

① 安全距离(Clearance)选项区域设置：安全距离设置的是 PCB 在布置铜膜导线时，元件焊盘和焊盘之间、焊盘和导线之间、导线和导线之间的最小距离。

在"Constraints"选项区域中的"Minimum Clearance"文本框里输入 10 mil，如图 2-5-47 所示。单击"ok"按钮，将退出设置，系统自动保存更改。

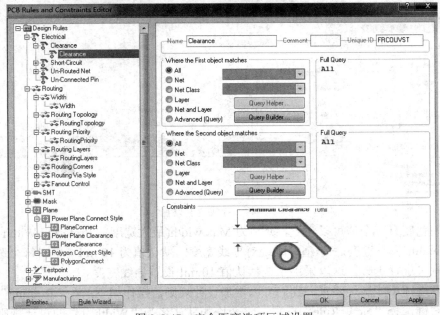

图 2-5-47 安全距离选项区域设置

② 短路(Short Circuit)选项区域设置：短路设置即是否允许电路中有导线交叉短路。设置方法同上，系统默认不允许短路，即取消"Allow Short Circuit"复选项的选定，如图 2-5-48 所示。

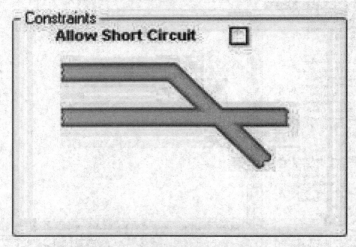

图 2-5-48　是否允许短路的设置

(2) 布线设计规则。单击"Routing"(布线设计)规则下"Width"选项进行导线宽度设置，如图 2-5-49 所示。

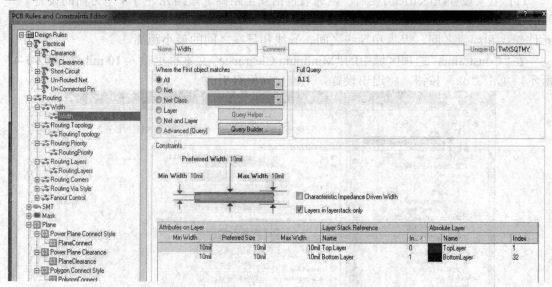

图 2-5-49　导线宽度设置

导线的宽度有三个值可以设置，分别为 Max width(最大宽度)、Preferred Width (最佳宽度)、Min width(最小宽度)三个值。系统对导线宽度的默认值为 10 mil，单击每个选项直接输入数值就可进行更改。这里采用系统默认值 10 mil 设置导线宽度。

若现有规则不能满足要求，我们可以增加设计规则。操作如下：在"Routing"选项上单击鼠标右键选择"New Rule"选项，将会增加默认名为"Width_1"的设计规则，如图 2-5-50 所示。

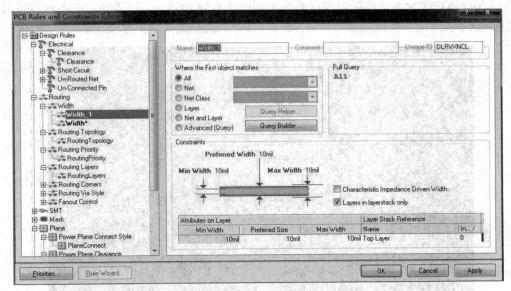

图 2-5-50　新建设计规则

在"Name"选项中输入"VCC",在"Where the First object matches"选项区域中选定一种电气类型。在这里选定"Net"单选项,同时在下拉菜单中选择设定的网络名"VCC"。在"Constraints"选项区域中的 Preferred Width、Min Width、Max Width 文本框里分别输入 15 mil,单击"OK"确定,各选项设定完后的效果如图 2-5-51 所示。

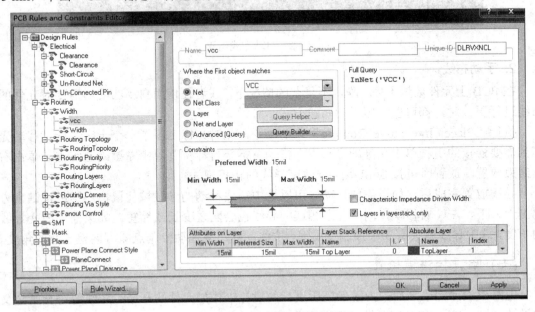

图 2-5-51　新设计规则属性设置

2) 自动布线

设计规则设计完成后就可以布线了。

执行"Auto Route / All"菜单命令,弹出"Situs Routing Strategies"对话框,单击"Route

All"进入自动布线状态。布线完成后的效果如图 2-5-52 所示,可以看出,电源线和普通连线的粗细不同。

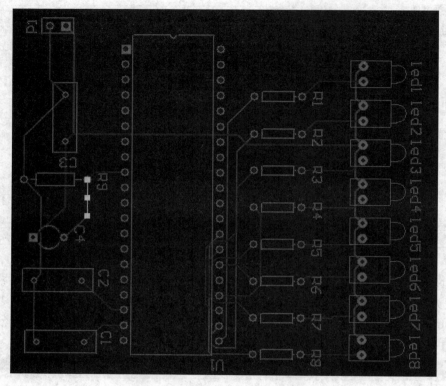

图 2-5-52　自动布线结果

2. 手动布线

在 PCB 上元件数量不多、联机不复杂的情况下,或者在使用自动布线后需要对元件的布线进行更改时,都可以采用手动布线方式。

执行"Place / Interactive Routing"菜单命令,此时光标上多了一个十字光标,移动光标到需要连接的引脚单击左键确定起点,拖动鼠标至目标位置单击左键确定终点。单击右键结束放置,放置时可按 Shift+Space 改变导线的转折模式。

导线放置完成后,如果需要移动,可以选中需要移动的导线按住鼠标左键或按键盘方向键上、下、左、右移动,同时与之相连的导线也会随之变长或缩短。如果需要改变导线的角度,选中导线就会有 3 个控制点出现,按住鼠标左键拖动控制点即可调整导线的角度。

(七)验证和错误检查

电路板设计完成之后,为了保证所进行的设计工作如元件的布局、布线等符合所定义的设计规则,Protel DXP 提供了相应的设计规则检查功能(Design Rule Check,DRC)。

1. 设计规则检查

执行"Tools / Design Rule Check…"菜单命令,弹出"Design Rule Checker"(设计规则检查)对话框,如图 2-5-53 所示。

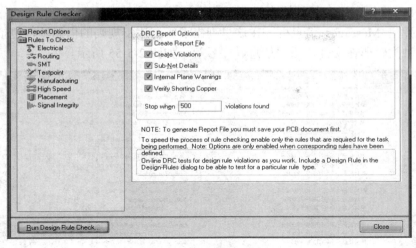

图 2-5-53 设计规则检查对话框

该对话框中左边是设计选项，右边为具体的设计内容。

(1) Report Options 选项：该项设置生成的 DRC 报表将包括哪些选项，由 Create Report File(生成报表文件)、Create Violations(报告违反规则的项)、Sub-Net Details (列出子网络的细节)、Internal Plane Warnings (内层检查)等选项来决定。选项"Stop when…violations found"用于限定违反规则的最高选项数，以便停止报表生成。系统默认所有的选项都选中。

(2) Rules To Check 选项：该项列出了 8 项设计规则，这些设计规则都是在 PCB 设计规则和约束对话框里定义的设计规则。单击左边选项，详细内容会在右边的窗口中显示出来，如图 2-5-54 所示。这些内容包括 Rule (规则名称)、Category(规则的所属种类)。

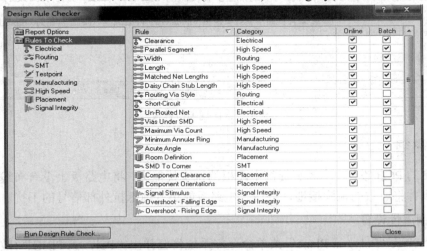

图 2-5-54 选择设计规则选项

Online 选项表示是否在电路板设计的同时进行同步检查，即在线检查。
Batch 选项表示在运行 DRC 时要进行检查的项目。

2. 生成检查报告

对要进行检查的规则设置完成之后，在"Rules To Check"对话框中单击"Run Design

Rule Check…"按钮，进入规则检查窗口。

系统将弹出 Messages 信息框，在这里列出了所有违反规则的信息项，包括所违反的设计规则的种类、所在文件、错误信息、序号等，如图 2-5-55 所示。

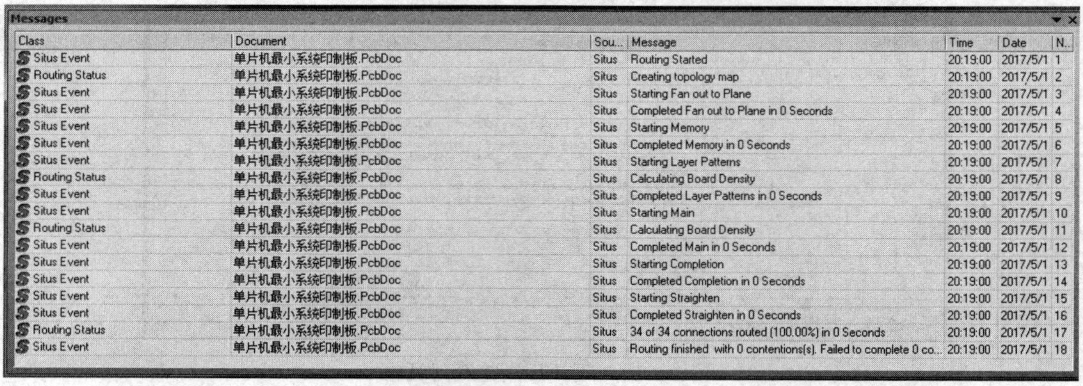

图 2-5-55　Messages 信息框

同时在 PCB 电路图中以标志(绿色)标出不符合设计规则的位置，用户可以回到 PC 编辑状态下相应位置对错误的设计进行修改，再重新运行 DRC，直到没有错误为止。

DRC 设计规则检查完成后，系统将生成设计规则检查报告，文件名后缀为".DRC"，如图 2-5-56 所示。

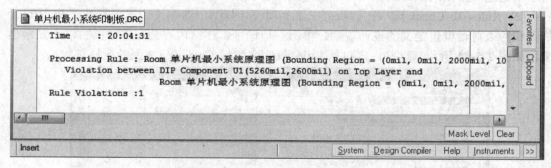

图 2-5-56　设计规则检查报告

(八) 敷铜

在通常的 PCB 设计中，为了提高电路板的抗干扰能力，将电路板上没有布线的空白区间敷满铜膜并将所敷的铜膜接地，以便于电路板能更好地抵抗外部信号的干扰。

1. 敷铜属性设置

执行"Place / Polygon Plane"菜单命令，系统将会弹出"Polygon Plane"(敷铜属性设置)对话框，如图 2-5-57 所示。

(1) Layer 下拉列表：用于设置敷铜所在的布线层，这里设置为 Bottom Layer。

(2) Connect to Net 下拉列表：用于设置敷铜所连接到的网络，一般设计总将敷铜连接到信号地上。

(3) Pour Over Same Net 下拉列表：用于设置当敷铜所连接的网络和相同网络的导线相

遇时，敷铜导线是否覆盖铜膜导线。

(4) Remove Dead Copper 复选项：用于设置是否在无法连接到指定网络的区域进行敷铜，勾选该项即可。

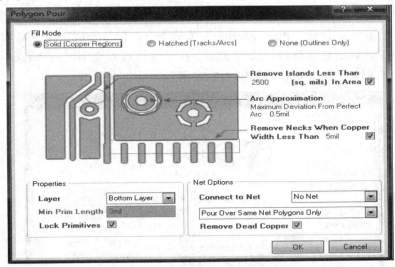

图 2-5-57　敷铜属性设置对话框

2. 放置敷铜

在敷铜属性设置对话框设置好敷铜的属性后，鼠标变成十字光标状。将鼠标移动到合适的位置，单击鼠标确定放置敷铜的起始位置，再移动鼠标到合适位置单击左键，确定所选敷铜范围的各个端点。必须保证敷铜的区域为封闭的多边形。本项目电路板设计采用的是长方形电路板，所以敷铜区域沿长方形的四个顶角选择，即选中整个电路板。

敷铜区域选择好后，右击鼠标退出放置敷铜状态，系统自动运行敷铜并显示敷铜结果，如图 2-5-58 所示。

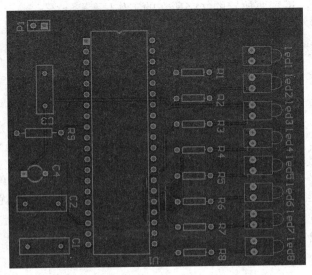

图 2-5-58　敷铜结果

3. 放置文字

有时在布好的印制电路板上需要放置相应元件的文字(String)标注，或者电路注释及公司的产品标志等文字。

必须注意的是，所有的文字都放置在 Silkscreen / Bottom Overlay(丝印层)上。

放置文字的方法：执行"Place / String"菜单命令，鼠标变成十字光标状，将鼠标移动到合适的位置，单击鼠标就可以放置文字。在用鼠标放置文字时按"Tab"键，将弹出"String"(文字属性设置)对话框，如图 2-5-59 所示。

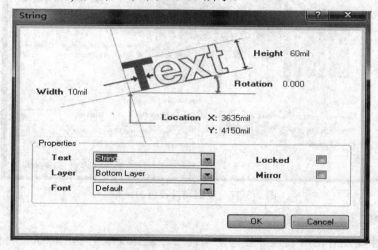

图 2-5-59　文字属性设置对话框

其中可以设置文字的 Height(高度)、Width(宽度)、Rotation(放置的角度)和 Location X/Y(坐标位置)。

在"Properties"选项区域中，有如下几项：

Text 下拉列表：设置要放置的文字内容，可根据不同设计需要进行更改。

Layer 下拉列表：设置要放置的文字所在的工作层。

Font 下拉列表：设置放置的文字的字体。

Locked 复选项：设定放置后是否将文字固定不动。

Mirror 复选项：设置文字是否镜像放置。

四、知识拓展

(一) PCB 布线工艺设计的一般原则和抗干扰措施

在 PCB 设计中，布线是完成产品设计的重要步骤，PCB 布线有单面布线、双面布线和多层布线。为了避免输入端与输出端的相邻边线平行而产生反射干扰和两相邻布线层互相平行产生寄生耦合等干扰而影响线路的稳定性，甚至在干扰严重时造成电路板根本无法工作，在 PCB 布线工艺设计中一般考虑以下几方面：

1. 考虑 PCB 尺寸大小

PCB 尺寸过大时，印制线条长，阻抗增加，抗噪声能力下降，成本也增加；尺寸过小，则散热不好，且邻近线条易受干扰，应根据具体电路需要确定 PCB 尺寸。

2. 确定特殊元件的位置

确定特殊元件的位置是 PCB 布线工艺的一个重要方面，特殊元件的布局应主要注意以下方面：

(1) 尽可能缩短高频元器件之间的连接，设法减少它们的分布参数和相互间的电磁干扰。易受干扰的元器件不能相互离得太近，输入和输出元件应尽量远离。

(2) 某些元器件或导线之间可能有较高的电位差，应加大它们之间的距离，以免放电引出意外短路。带高电压的元器件应尽量布置在调试时手不易触及的地方。

(3) 重量超过 15 g 的元器件，应当用支架加以固定，然后焊接。那些又大又重、发热量多的元器件，不宜装在印制板上，而应装在整机的机箱底板上，且应考虑散热问题。热敏元件应远离发热元件。

(4) 对于电位器、可调电感线圈、可变电容器、微动开关等可调元件的布局应考虑整机的结构要求。若是机内调节，应放在印制板上便于调节的地方；若是机外调节，其位置要与调节旋钮在机箱面板上的位置相适应，应留出印制板定位孔及固定支架所占用的位置。

3. 布局方式

布局方式采用交互式布局和自动布局相结合的方式。布局的方式有两种：自动布局及交互式布局，在自动布线之前，可以用交互式预先对要求比较严格的线进行布局，完成对特殊元件的布局以后，对全部元件进行布局，主要遵循以下原则：

(1) 按照电路的流程安排各个功能电路单元的位置，使布局便于信号流通，并使信号尽可能保持方向一致。

(2) 以每个功能电路的核心元件为中心，围绕它来进行布局。元器件应均匀、整齐、紧凑地排列在 PCB 上。尽量减少和缩短各元器件之间的引线和连接。

(3) 在高频下工作的电路，要考虑元器件之间的分布参数。一般电路应尽可能使元器件平行排列。这样不但美观，而且容易装焊，易于批量生产。

(4) 位于电路板边缘的元器件，离电路板边缘一般不小于 2 mm。电路板的最佳形状为矩形。长宽比为 3∶2 或 4∶3。电路板面尺寸大于 200×150 mm 时，应考虑电路板所受的机械强度。

4. 电源和接地线处理的基本原则

由于电源、地线的考虑不周到而引起的干扰，会使产品的性能下降，对电源和地的布线采取一些措施降低电源和地线产生的噪声干扰，以保证产品的品质。方法有如下几种：

(1) 电源、地线之间加上去耦电容。单单一个电源层并不能降低噪声，因为如果不考虑电流分配，所有系统都可以产生噪声并引起问题，这样额外的滤波是需要的。通常在电源输入的地方放置一个 1～10 μF 的旁路电容，在每一个元器件的电源脚和地线脚之间放置一个 0.01～0.1 μF 的电容。旁路电容起着滤波器的作用，放置在板上电源和地之间的大电容(10 μF)是为了滤除板上产生的低频噪声(如 50 Hz 的工频噪声)。板上工作的元器件产生的噪声通常在 100 MHz 或更高的频率范围内产生谐振，所以放置在每一个元器件的电源脚和地线脚之间的旁路电容一般较小(约 0.1 μF)。最好是将电容放在板子的另一面，直接在元件的正下方，如果是表面贴片的电容则更好。

(2) 尽量加宽电源、地线宽度，最好是地线比电源线宽，它们的关系是：地线>电源线>信号线，通常信号线宽为 0.2～0.3 mm，最细宽度可达 0.05～0.07 mm，电源线为 1.2～2.5 mm，用大面积铜层作地线用，在印制板上把没被用上的地方都与地相连接作为地线用，做成多层板，电源、地线各占用一层。

(3) 依据数字地与模拟地分开的原则。若线路板上既有数字逻辑电路和又有模拟电路，应使它们尽量分开。低频电路的地应尽量采用单点并联接地，实际布线有困难时可部分串联后再并联接地。高频电路宜采用多点串联接地，地线应短而粗，高频元件周围尽量用栅格状大面积地箔，保证接地线构成死循环路。

5. 导线设计的基本原则

导线设计不能用一种模式，不同的地方以及不同的功能的线应该用不同的方式来布线。应该注意以下两点：

(1) 印制导线拐弯处一般取圆弧形，而直角或夹角在高频电路中会影响电气性能。此外，尽量避免使用大面积铜箔，否则，长时间受热时易发生铜箔膨胀和脱落现象。必须用大面积铜箔时，最好用栅格状，这样有利于排除铜箔与基板间黏合剂受热产生的挥发性气体。

(2) 焊盘中心孔要比器件引线直径稍大一些。焊盘太大易形成虚焊。焊盘外径(D)一般不小于($d + 1.2$) mm，其中 d 为引线孔径。对高密度的数字电路，焊盘最小直径可取($d + 1.0$) mm。

(二) 制板的工艺流程和基本概念

为进一步认识 PCB，有必要了解一下单面、双面和多面板的制作工艺，以加深对 PCB 的了解。

1. 单面板

单面板适用于简单的电路制作，其工艺流程如下：

单面敷铜板→下料→刷洗、干燥→网印线路抗蚀刻图形→固化→检查、修板→蚀刻铜→去抗蚀印料、干燥→钻网印及冲压定位孔→刷洗、干燥→网印阻焊图形(常用绿油)、UV 固化→网印字符标注图形、UV 固化→预热、冲孔及外形→电气开、短路测试→刷洗、干燥→预涂助焊防氧化剂(干燥)→检验、包装→成品。

2. 双面板

双面板适用于比较复杂的电路，是最常见的印制电路板。近年来制造双面金属印制板的典型工艺是图形点电镀法和图形电镀法再退铅锡(SMOBC)法。在某些特定场合也有使用工艺导线法的。

(1) 图形点电镀工艺。图形点电镀工艺流程如下：

敷箔板→下料→冲钻基准孔→数控钻孔→检验→去毛刺→化学镀薄铜→电镀薄铜→检验→刷板→贴膜(或网印)→曝光显影(或固化)→检验修板→图形电镀→去膜→蚀刻→检验修板→插头镀镍镀金→热熔清洗→电气通断检测→清洁处理→网印阻焊图形→固化→网印标记符号→固化→外形加工→清洗干燥→检验→包装→成品。

(2) 图形电镀法再退铅锡(SMOBC)工艺。制造 SMOBC 板的方法很多，有标准图形电镀减去法再退铅锡的 SMOBC 工艺；用镀锡或浸锡等代替电镀铅锡的减去法图形电镀 SMOBC 工艺；堵孔或掩蔽孔法 SMOBC 工艺；加成法 SMOBC 工艺等。下面主要介绍图形电镀法再退铅锡的 SMOBC 工艺和堵孔法 SMOBC 工艺流程。

图形电镀法再退铅锡的 SMOBC 工艺流程如下：

双面敷铜箔板→图形电镀法工艺到蚀刻工序→退铅锡→检查→清洗→阻焊图形→插头镀镍镀金→插头贴胶带→热风整平→清洗→网印标记符号→外形加工→清洗干燥→成品检验→包装→成品。

堵孔法主要工艺流程如下：

双面敷箔孔→钻孔→化学镀铜→整板电镀铜→堵孔→网印成像（正像）→蚀刻→去网印料、去堵孔料→清洗→阻焊图形→插头镀镍、镀金→插头贴胶带→热风整平→清洗→网印标记符号→外形加工→清洗干燥→成品检验→包装→成品。

3. 多面板

多面板是由三层以上的导电图形层与绝缘材料层交替地经层压黏合一起而形成的印制板，并达到设计要求规定的层间导电图形互连。它具有装配密度高、体积小、重量轻、可靠性高等特点，是产值最高、发展速度最快的一类 PCB 产品。随着电子技术朝高速、多功能、大容量和便携低耗方向发展，多层板的应用越来越广泛，其层数及密度也越来越高，相应之结构也越来越复杂。

多层板的主要工艺流程如下：

内层敷铜板双面开料→刷洗→干燥→钻定位孔→贴光致抗蚀干膜或涂敷光致抗蚀剂→曝光→显影→蚀刻、去膜→内层粗化、去氧化→内层检查→外层单面敷铜板线路制作→板材黏结片检查→钻定位孔→层压→钻孔→孔检查→孔前处理与化学镀铜→全板镀薄铜→镀层检查→贴光致耐电镀干膜或涂敷光致耐电镀剂→面层底板曝光→显影、修板→线路图形电镀→电镀锡铝合金或金镀→去膜和蚀刻→检查→网印阻焊图形或光致阻焊图形→热风平整或有机保护膜→数控洗外形→成品检验→包装成品。

五、技能实训

1. 实训要求

使用 PCB 模板创建 PCB 文件。

2. 实训步骤

(1) 使用 PCB 模板创建 PCB 文件。

Protel DXP 提供了 PCB 设计模板向导，图形化的操作使得 PCB 的创建变得非常简单。它提供了很多工业标准板的尺寸规格，用户也可以自定义设置。这种方法适合于各种工业制板，其操作步骤如下：

单击文件工作面板中"New from template"选项下的"PCB Board Wizard..."，如图 2-5-60 所示。启动的 PCB 设计向导如图 2-5-61 所示。

图 2-5-60　PCB Board Wizard 选项

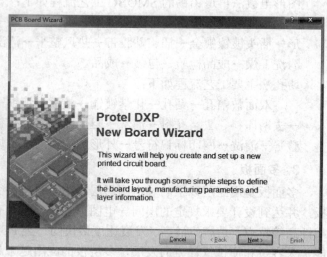

图 2-5-61　启动的 PCB 设计向导

(2) 单击"Next"按钮，出现如图 2-5-62 所示的对话框，要求对 PCB 进行度量单位设置。

系统提供两种度量单位，一种是 Imperial(英制单位)，系统默认使用是英制度量单位。

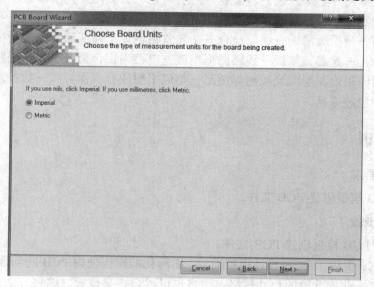

图 2-5-62　电路板度量单位设置

(3) 单击"Next"按钮，出现如图 2-5-63 所示的对话框，对设计的 PCB 尺寸类型进行指定。Protel DXP 提供了很多种工业制板的规格，用户可以根据自己的需要，选择"Custom"，进入自定义 PCB 的尺寸类型模式。

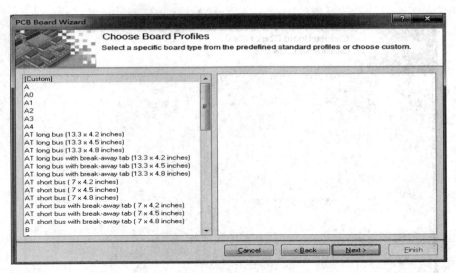

图 2-5-63　指定 PCB 的尺寸类型

(4) 单击"Next"按钮，设置电路板形状和布线信号层数，如图 2-5-64 所示。

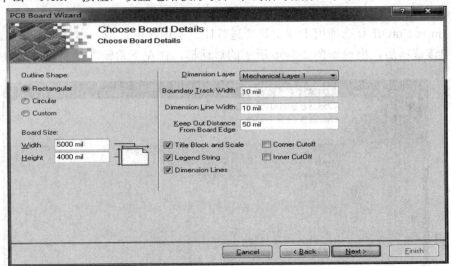

图 2-5-64　设置电路板形状和布线信号层数

① Outline Shape 选项区域中，有三种选项可以选择：Rectangular(矩形)、Circular(圆形)、Custom(自定义形状)。本例中选择 Rectangular。

② Board Size 为板的长度和宽度，输入 3000 mil 和 2000 mil，即 3 Inch×2 Inch。

③ Dimension Layer 选项用来选择所需要的机械加工层，最多可选 16 层机械加工层。设计双面板只需要使用默认选项，选择 Mechanical Layer。

④ Keep Out Distance From Board Edge 选项用于确定电路板设计时，从机械板的边缘到可布线之间的距离，默认值为 50 mil。

⑤ Corner Cutoff 复选项，选择是否要在印制板的 4 个角进行裁剪。本例中不需要。如果需要，则单击"Next"按钮后，会出现如图 2-5-65 所示的窗口，要求对裁剪尺寸进行设计。

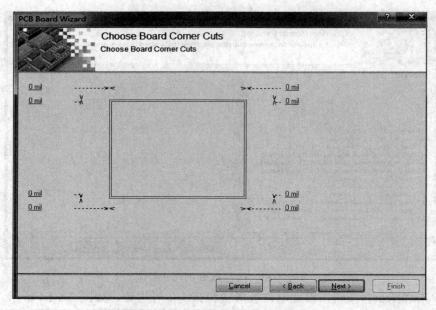

图 2-5-65　对印制板边角进行裁剪

⑥ Inner CutOff 复选项用于确定是否进行印制版内部的裁剪。本例中不需要。如果需要，选中该选项后，出现如图 2-5-66 所示的对话框，在左下角输入距离值进行内部裁剪。

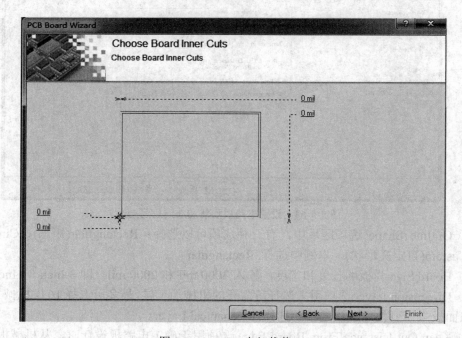

图 2-5-66　PCB 内部裁剪

本例中不使用"Corner Cutoff"和"Inner Cutoff"复选项，应取消两复选项的选择。

(5) 单击"Next"按钮进入下一个对话框，对 PCB 的 Signal Layer(信号层)和 Power Planes(电源层)数目进行设置，如图 2-5-67 所示。本例设计双面板，故信号层数为 2，电源层数为 0，不设置电源层。

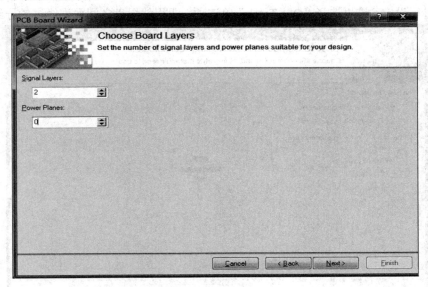

图 2-5-67　PCB 信号层和电源层数目设置

(6) 单击"Next"按钮进入下一个对话框，设置所使用的过孔类型，这里有两类可供选择，一类是"Thruhole Vias"(穿透式过孔)，另一类是"Blind and Buried Vias"(盲过孔和隐藏过孔)，本例中使用穿透式过孔，如图 2-5-68 所示。

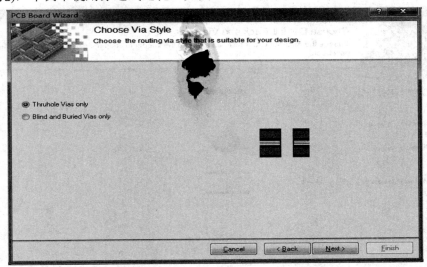

图 2-5-68　PCB 过孔类型设置

(7) 单击"Next"按钮，进入下一个对话框，设置元件的类型和表面黏着元件的布局，如图 2-5-69 所示。

在"The board has mostly"选项区域中，有两个选项可供选择，一种是"Surface-mount components"，即表面黏着式元件；另一种是"Through-hole components"，即针脚式封装元件。

如果选择使用表面黏着式元件选项，将会出现"Do you put components on both sides of the board？"的提示信息，询问是否在 PCB 的两面都放置表面黏着式元件。

选择针脚式封装元件，选中此项后，可在下面选项中对相邻两过孔之间布线时所经过的导线数目进行设定。这里选择"One Track"单选项，即相邻焊盘之间允许经过的导线为1条。

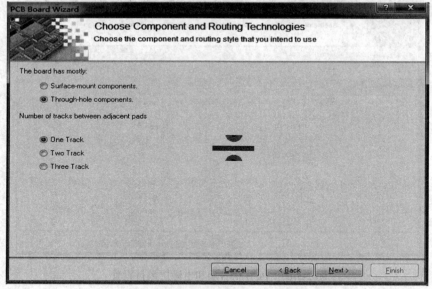

图 2-5-69　PCB 使用元件类型设定

(8) 单击"Next"按钮，进入下一个对话框，在这里可以设置导线和过孔的属性，如图 2-5-70 所示。

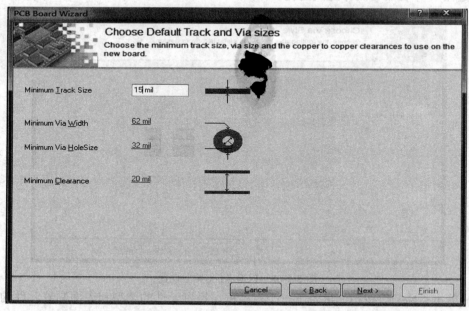

图 2-5-70　导线和过孔属性设置对话框

导线和过孔属性设置对话框中的选项设置及功能如下：

Minimum Track Size：设置导线的最小宽度，单位为 mil，设置为 15。

Minimum Via Width：设置焊盘的最小直径值，默认值。

Minimum Via HoleSize：设置焊盘最小孔径，默认值。

Minimum Clearance：设置相邻导线之间的最小安全距离，设置为 20。

(9) 单击"Next"按钮，出现 PCB 设置完成对话框，如图 2-5-71 所示，单击 Finish 按钮，将启动 PCB 编辑器，

至此，完成了使用 PCB 向导新建 PCB 的设计。

图 2-5-71 使用 PCB 向导新建 PCB

习 题

1. 创建 PCB 文件，绘制如题图所示的 PCB 电路图，要求：
(1) 电路板尺寸不大于：4000 mil(宽) × 4000 mil(高)；
(2) 在电路板四个角放置安装孔，半径为 80 mil，线宽为 3 mil；
(3) 信号线宽 11 mil，VCC 线宽 20 mil，接地线宽 32 mil；
(4) 敷铜操作，填充格式为 45°，与 GND 网络连接，工作层为 Bottom Layer；
(5) 在电路板适当位置注明自己的学号。

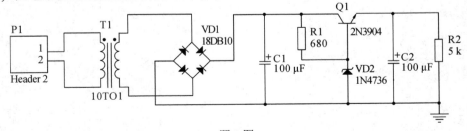

题 1 图

2. 创建 PCB 文件，绘制如题图所示的 PCB 图，要求：
(1) 对电路板进行自动布线，不能自动布线的可采用手工布线。电路板中网络地(GND)

的线宽选 20 mil，电源网络(VCC)的线宽选 15 mil。其余线宽均采用默认值。

(2) 在电路板上敷铜，要求敷铜栅格为 30 mil，铜膜线宽度为 10 mil，敷铜层为底层，敷铜网线形式为 45°。

(3) 电路板设计后进行 DRC，并根据报告的错误提示进行调整，直到无错误为止。

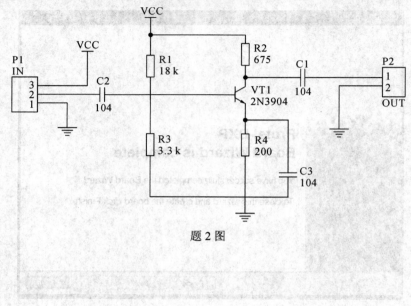

题 2 图

项目六 元件库的创建和管理

❖ **学习内容与学习目标**

项目名称	学 习 内 容	能 力 目 标	教学方法
流水灯的绘制	(1) 创建新的元件封装； (2) 创建新的集成元件库	(1) 能熟练进行原理图库和PCB封装库的创建和设计； (2) 能熟练进行集成元件库的创建和设计	教学做一体化 实操实训为主

❖ **项目描述**

单片机芯片符号如图 2-6-1 所示。

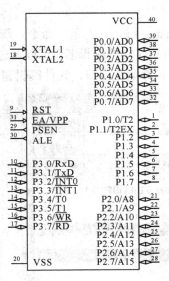

图 2-6-1 单片机芯片符号

在 Protel DXP 中，虽然提供了大量的元件库，但在实际应用中，还需要制作需要的元件。Protel DXP 支持多种格式的元件库文件，如：*.SchLib(原理图元件库)，*.PcbLib(封装库)，*.IntLib(集成元件库)。建立元件库与制作元件可使用元件库编辑器来完成。

本项目主要进行单片机芯片的原理图库和 PCB 图库的绘制。通过本项目的学习，用户可以学会创建自己的元件库，学会制作原理图元件、PCB 元件封装和集成元件库。

任务一　创建原理图库

一、任务要求

创建原理图库文件"mySchLib.SchLib"，在元件库编辑器中创建原理图元件，绘制单片机芯片，如图 2-6-1 所示，元件名称命名为 8051。在元件库编辑器中设定栅格为 snap = 1 mil，visible = 10 mil。

二、任务实施

Protel DXP 中提供的原理图库编辑器可以用来创建、修改原理图元件以及管理元件库。这个编辑器与原理图编辑器类似，使用同样的图形对象，但比原理图编辑器多了引脚摆放工具。原理图元件可以由一个独立的部分或者几个同时装入一个指定 PCB 封装的部分组成，这些封装存储在 PCB 库或者集成库中。用户可以使用原理图库中的拷贝及粘贴功能在一个打开的原理图库中创建新的元件，也可以用编辑器中的画图工具创建新文件。

(一) 创建原理图库文件

1. 新建原理图文件

执行"File / New / Schematic Library"菜单命令，新建一个原理图库文件(默认文件名为 SchLib1.SchLib)，可同时启动库文件编辑器，可以通过"File / Save as"命令重命名该文件为 mySchLib.SchLib，出现元件编辑窗口，元件编辑窗口如图 2-6-2 所示。

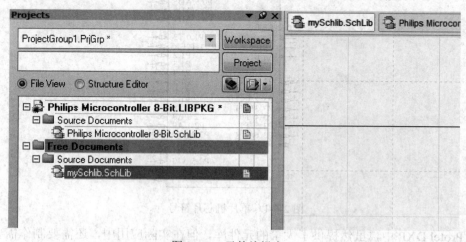

图 2-6-2　元件编辑窗口

2. 元件库编辑管理器

执行"View / Workspace Panels / SCH / SCH Library"菜单命令，系统打开元件库编辑

管理器，如图 2-6-3 所示。

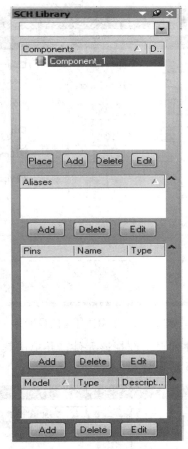

图 2-6-3 元件库编辑管理器

元件库编辑管理器有四个区域：

(1) Components 区域：主要功能是查找、选择及取用元件。

(2) Aliases 区域：主要用来设置所选中元件的别名。

(3) Pins 区域：主要功能是将当前工作中元件引脚的名称及状态列于引脚列表中，引脚区域用于显示引脚信息。

(4) Model 区域：功能是指定元件的 PCB 封装、信号完整性或仿真模式等。

(二) 创建一个新元件

要在一个打开的库中创建新的原理图元件，通常要选择"Tools / New Component"命令，新建的库都会带一个空的元件图纸，可以将其缺省名 Component_1 更名，下面绘制一个 8051 单片机芯片，具体步骤如下：

(1) 在原理图库面板列表中选中 Component_1，选择"Tools/Rename Component"命令，在"New Component Name"对话框中输入元件名字"8051"。

(2) 编辑器环境的设置。执行"Tools / Document Option"命令，打开对话框，如图 2-6-4 所示。将捕捉栅格设为 1，可视栅格设为 10。单击"OK"按钮，其他接受默认设置。如果看不到栅格，按下"Page Up"键可以显示栅格。

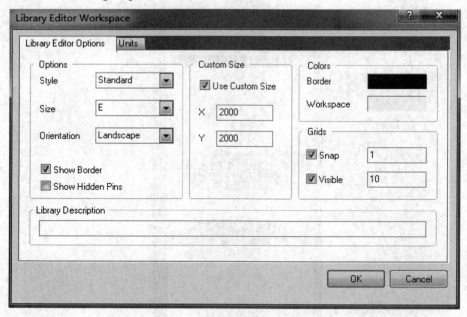

图 2-6-4　编辑器环境的设置

(3) 元件属性编辑。在元件列表中选择该元件，并单击其下的"Edit"按钮，系统将弹出元件属性对话框，如图 2-6-5 所示。

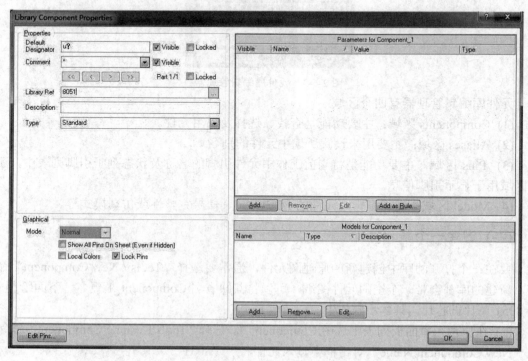

图 2-6-5　元件属性对话框

在该对话框的"Default Designator"文本框中输入集成块芯片的默认标识符"U?"；选

中其后的"Visible"复选框，则在编辑完该元件将该元件放入原理图中时将显示该元件的标志。"Library Ref"文本框中的 Component_1 名为"8051"，单击"OK"按钮即可结束元件属性的设置。

(三) 元件的绘制

(1) 执行"Place / Rectangle"菜单命令或单击绘图工具栏上的 按钮，此时鼠标指针旁边会多出一个大十字符号，将大十字指针中心移动到坐标轴原点处(0，0)，单击鼠标左键，定为直角矩形的左上角，可移动鼠标指针到矩形的右下角，再单击鼠标左键即可完成矩形的绘制。

(2) 执行"Place / Pin"菜单命令或单击绘图工具栏上的 按钮，来绘制元件的引脚。此时光标变为"×"字形并黏附一个引脚，该引脚靠近光标的一端为非电气端(对应引脚名)，该端应放置在元件的边框上。按下键盘上的"Tab"键，就可弹出引脚属性对话框，在该对话框中可对其属性进行修改，如图 2-6-6 所示。

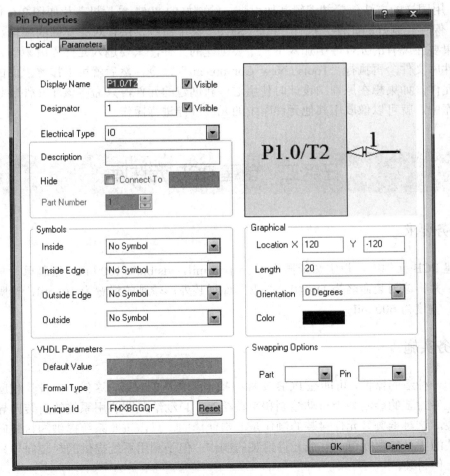

图 2-6-6 引脚属性对话框

引脚属性对话框的各操作框的含义如下：

① Display Name 编辑框中为引脚名,这里修改为"P1.0 / T2"。

说明:使用反斜杠"/"可以给引脚名添加取反号,如输入"P3.2 / I / N / T / 0 /",则引脚上将显示"P3.2 / $\overline{INT0}$";在放置引脚的过程中,可以按空格键改变引脚的放置方向。

② Designator 编辑框中为引脚号,这里修改为"1"。

③ Electrical Type 下拉列表选项用来设定该引脚的电气性质,这里修改为"IO"。

④ Description 编辑框可以设置引脚的描述属性。

⑤ Part Number 编辑框用来设置一个元件可以包含多个子元件。

Symbols 选项区域可以分别设置引脚的输入/输出符号,Inside 用来设置引脚在元件内部的表示符号;Inside Edge 用来设置引脚在元件内部的边框上的表示符号;Outside 用来设置引脚在元件外部的表示符号;Outside Edge 用来设置引脚在元件外部的边框上的表示符号。这些符号是标准的 IEEE 符号。

管脚的显示与隐藏:通常在原理图中会把电源引脚隐藏起来,所以绘制电源引脚时将其属性设置为 Hidden(隐藏),电气特性设置为 Power。

(3) 用同样的方法放置并编辑其他引脚,绘制好的 8051 单片机芯片如图 2-6-1 所示。

(4) 保存绘制好的元件。执行"File / Save"菜单命令,保存对库文件的编辑。

如果要在现有的元件库中加入下一个要创建的元件,只要进入元件库编辑器,选择现有的元件库文件,再执行"Tools / New Component"命令,然后就可以按照上面的步骤创建新的元件。如果想在原理图设计时使用这些新创建的元件,只需将该库文件装载到激活的元件库中,就可以像取用其他元件库中的元件一样进行操作。

任务二 创建 PCB 元件库

一、任务要求

新建 PCB 元件库,设定图纸栅格为 snap=5 mil,visible2=100 mil。绘制单片机芯片元件封装,并将该封装命名为 DIP40,要求元件封装外形轮廓的线宽为 10 mil,管脚间距为 100 mil,宽度为 600 mil。

二、任务实施

对于一种新的器件,可能在 PCB 文件中找不到合适的封装,这就需要设计相应的封装图形。元件封装的绘制分为自动绘制和手动绘制。自动绘制即利用系统的封装向导制作元件的封装,这对于典型元件封装的制作是非常便捷的,只需按照系统提供的封装向导输入元件封装的各个参数就可以完成元件封装的制作。但是利用系统提供的封装向导只能创建标准的元件封装。

手动绘制适用于创建那些非标准的异形元件封装。绘制元件封装必须做到准确掌握元件的外形尺寸、焊盘尺寸、焊盘间距和元件外形与焊盘之间的间距等一系列问题。

1. 新建一个封装库文件

执行"File / New / PCB Library"菜单命令，新建一个封装库文件(默认文件名为 PcbLib1. PcbLib)，同时启动了库文件编辑器，可以通过"File / Save as"命令重命名为 myPcbLib1. PcbLib，弹出元件编辑窗口，新建一个封装库文件如图 2-6-7 所示。

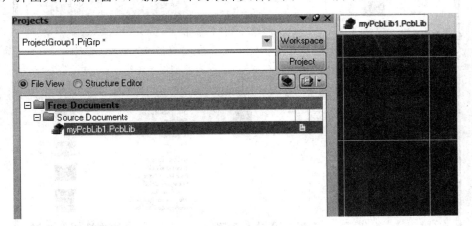

图 2-6-7　新建一个封装库文件

2. 元件封装编辑器

启动元件封装编辑器后，用鼠标左键单击面板 Panels 中的"PCB Library"标签，或者执行"View / Workspace Panels / PCB / PCB Library"菜单命令，系统自动弹出一个浮动的 PCB 元件库管理器面板，如图 2-6-8 所示。

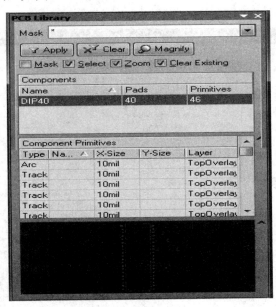

图 2-6-8　PCB 元件库管理器面板

3. 板层设置

在元件封装编辑区中，单击鼠标右键，系统弹出右键菜单。选择其中的"Options / Board

Layers and Colors…"命令，启动板层和颜色设置对话框，如图 2-6-9 所示。在对话框中可以设置需要的板层及颜色。

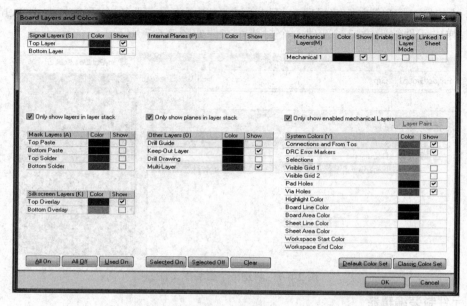

图 2-6-9 板层和颜色设置对话框

4．系统参数设置

执行"Tools / Preferences…"菜单命令可以启动系统参数设置对话框，如图 2-6-10 所示。

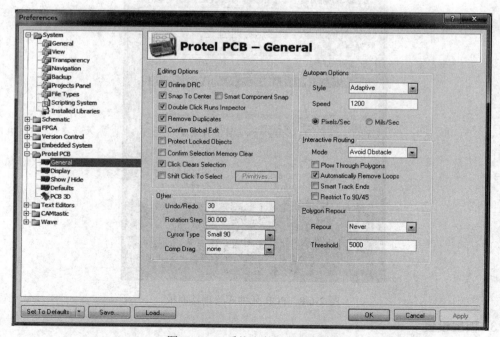

图 2-6-10 系统参数设置对话框

5. 创建元件

创建元件操作步骤如下：

(1) 执行"Tools / New Component"菜单命令，或者在 PCB 元件库管理器面板的 Component 区域单击右键，出现子菜单，选择"Component Wizard…"命令，都可以启动向导，如图 2-6-11 所示。

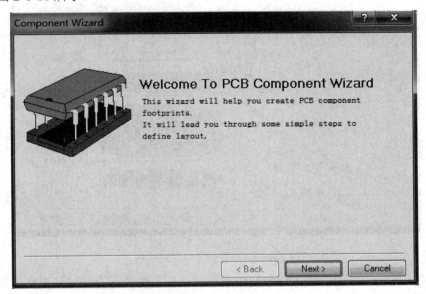

图 2-6-11　封装创建向导

(2) 单击"Next"按钮，弹出封装类型设置对话框，在复选框内选 DIP，Imperial(英制)，如图 2-6-12 所示，单击 Next 按钮。

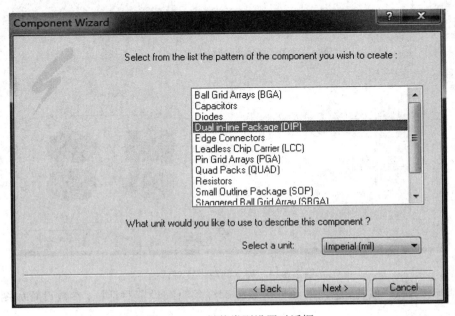

图 2-6-12　封装类别设置对话框

(3) 进入焊盘尺寸设置对话框。在尺寸标注文字上单击鼠标左键,进入文字编辑状态,键入数值即可修改。焊盘尺寸参数修改如图 2-6-13 所示。

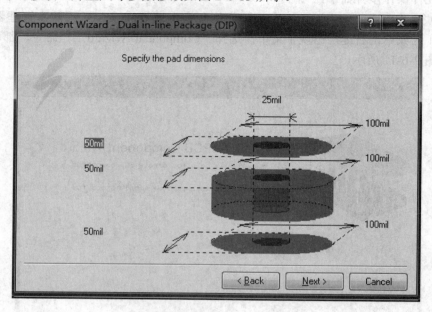

图 2-6-13　焊盘尺寸设置对话框

(4) 单击"Next"按钮,进入焊盘间距设置对话框。将光标直接移到要修改的尺寸上,单击鼠标左键即可对尺寸进行修改。焊盘间距参数设置如图 2-6-14 所示。

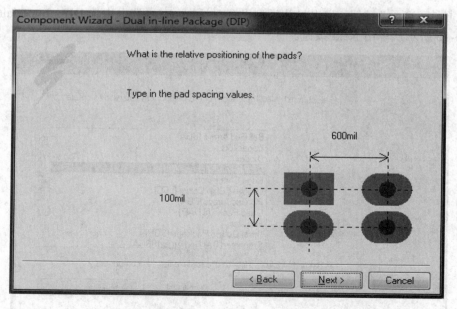

图 2-6-14　焊盘间距设置对话框

(5) 单击"Next"按钮,进入的元件封装轮廓线条粗细设置对话框,参数设置如图 2-6-15 所示。

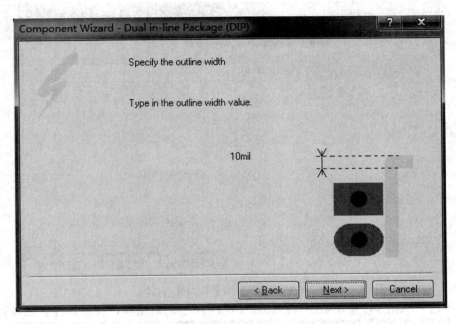

图 2-6-15 元件封装轮廓线条粗细设置对话框

(6) 单击"Next"按钮，进入如图 2-6-16 所示的焊盘数量设置对话框，可以调整设置焊盘数量。本例将其设置为 40。

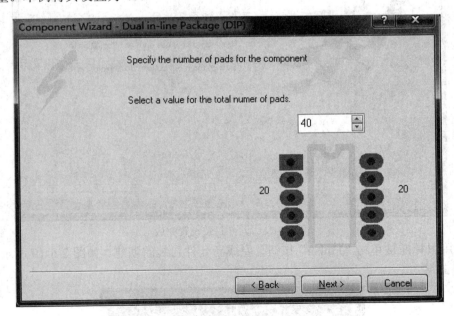

图 2-6-16 焊盘数量设置对话框

(7) 单击"Next"按钮，进入如图 2-6-17 所示的元件封装名称设置对话框，直接在编辑框中键入名称 DIP40。

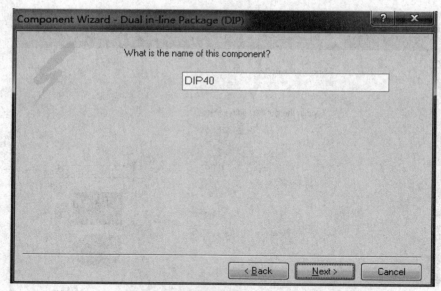

图 2-6-17　元件封装名称设置对话框

(8) 单击"Next"按钮,系统弹出如图 2-6-18 所示的对话框,表示元件封装设置完成。

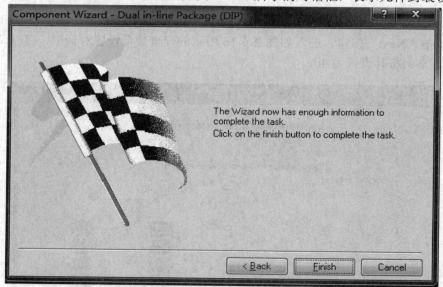

图 2-6-18　元件封装设置完成

(9) 用鼠标左键单击"Finish"按钮,完成新元件封装的创建。如图 2-6-19 所示为完成的新元件封装。

图 2-6-19　单片机芯片封装

6. 保存绘制的封装

执行"File / Save"菜单命令，保存对库文件的编辑。

任务三　创建集成库项目文件

一、任务要求

新建 PCB 集成库 my Library1.LibPkg，将任务一绘制的 8051 芯片原理图符号和任务二绘制的 PCB 封装集成到所创建的集成库中。

二、任务实施

所谓集成元件库(扩展名为"*.IntLib")，就是把元件的原理图符号模型、PCB 封装模型、SPICE 仿真模型和信号完整性分析等模型集成在一个库文件中。设计人员可以建立属于自己的一个集成元件，将常用的元件的各种模型放在自己的集成元件库中。创建一个包含几个原理图元件的元件原理图库和一个包含几个 PCB 元件封装的 PCB 元件封装库后，可以将它们编译到一个集成元件库中。

创建集成元件库的操作步骤如下：

(1) 执行"File / New / Integrated Library"菜单命令，创建一个集成库项目文档。执行"File / Save Project As"菜单命令，并命名为"my_Library1.LibPkg"，如图 2-6-20 所示。

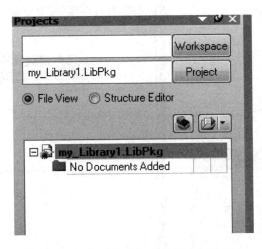

图 2-6-20　创建集成库项目文档

(2) 执行"Project / Add Existing to Project…"菜单命令，会弹出添加项目文档对话框。找到原理图库文档"mySchLib.SchLib"，将该文档添加到"my Library.LibPkg"中。以相同步骤将 myPcbLib1.PcbLib 封装库文件添加到"my_Library.LibPkg"集成元件库中，如图 2-6-21 所示。

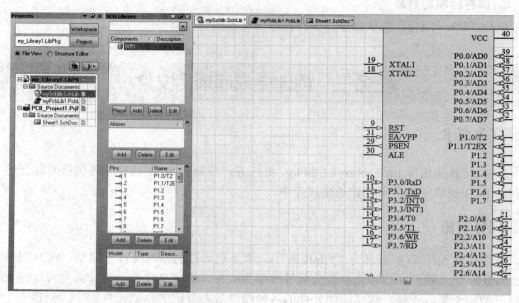

图 2-6-21 添加封装库文件

(3) 单击原理库文件编辑面板"Model"下的"Add"按钮,执行添加模型的命令,复选框中选择添加"Footprint",如图 2-6-22 所示。

(4) 单击"OK"按钮,系统弹出 PCB 封装的添加对话框,如图 2-6-23 所示。

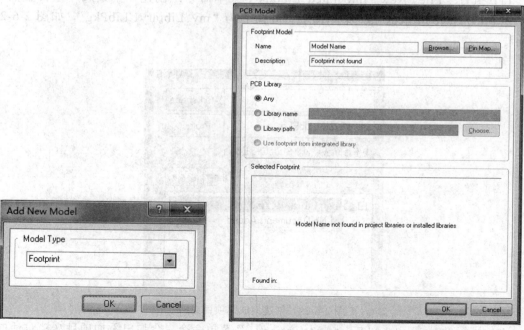

图 2-6-22 添加模型　　　　　图 2-6-23 添加 PCB 封装

(5) 单击"Browse…"按钮,浏览 PCB 封装库文件,选择"myPcbLib1.PcbLib"中"DIP40",如图 2-6-24 所示。

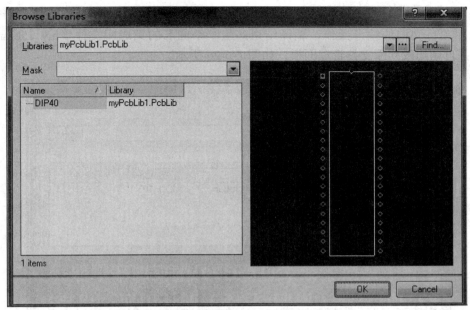

图 2-6-24 选择需添加的 PCB 封装库文件

(6) 单击"OK"按钮,添加元件封装后的结果如图 2-6-25 所示。

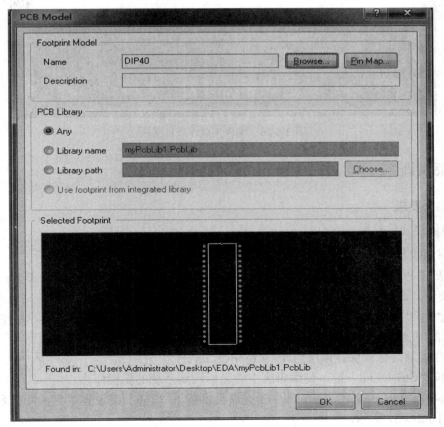

图 2-6-25 添加封装后的结果

(7) 执行"Project / Compile Integrated Librarymy Library1.LibPkg"菜单命令，系统执行对集成库项目文档的编译操作，编译结束产生一个同名的集成库文件"my Library1.IntLib"，并自动加载到库文件管理面板，如图2-6-26所示。

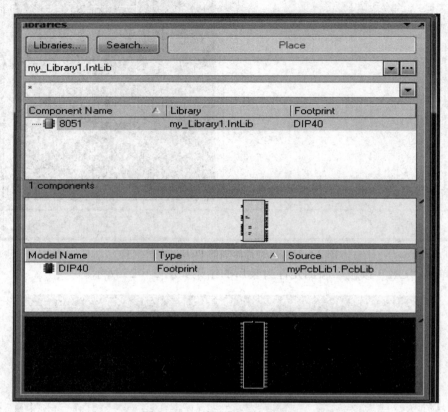

图 2-6-26　编译集成库项目文档

三、技能实训

1. 实训要求

手动创建元件封装。

2. 实训步骤

(1) 新建 PCB Library 文件。执行"File / New / PCB Library"菜单命令，新建一个 PCB Library 文件，命名为 Myself.PcbLib。

(2) 执行"Tools / New Component"菜单命令，建立一个新元件封装，但不是使用向导，即在弹出的对话框中单击"Cancel"按钮，进行手动创建元件封装。

(3) 在绘制前必须保证顶层丝印层(Topover layer)为当前层。

(4) 按"Ctrl + End"键，使编辑区中的光标回到系统的坐标原点。

(5) 执行"Place / Pad"菜单命令放置焊盘，按下"Tab"键设置焊盘的距离和属性，对话框如图2-6-27所示。

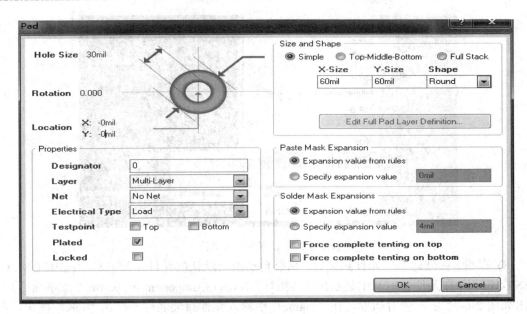

图 2-6-27 焊盘属性编辑

焊盘水平引脚间距为 100 mil，则对应间距为 100 mil，放置时按该间距直接放置即可，垂直引脚间距为 400 mil。依次放置其他的焊盘。

(6) 绘制外形轮廓。执行"Place / Line"菜单命令在顶层丝印层绘制元件封装的外形轮廓，尺寸设置为长 800 mil、宽 600 mil，结果如图 2-6-28 所示。

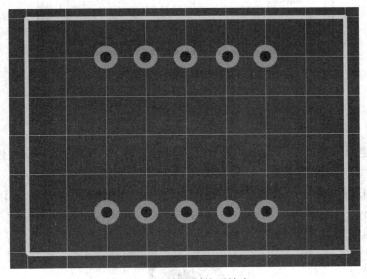

图 2-6-28 绘制外形轮廓

(7) 设置元件封装参考点。选择"Edit / Set Reference"菜单命令。在子菜单中，有三个选项，即"Pin 1"、"Center"和"Location"。其中，Pin 1 表示以 1 号焊盘为参考点，Center 表示以元件封装中心为参考点，Location 表示以设计者指定一个位置为参考点。如图 2-6-29 所示以 1 号焊盘为参考点。

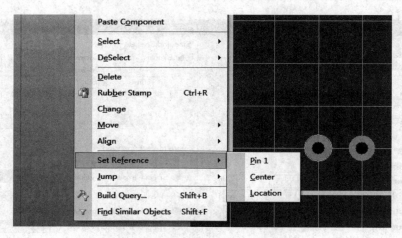

图 2-6-29　设置封装参考点

(8) 存盘。在创建新的元件封装时，系统自动给出默认的元件封装名称"PCBCOMPO-NENT-1"，并在元件管理器中显示出来。执行"Tools / Component Properties"菜单命令后，弹出如图 2-6-30 所示的对话框，在"Name"中输入元件封装名称，单击"OK"按钮，关闭对话框。

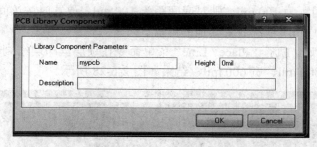

图 2-6-30　保存封装

习　题

1. 执行新建原理图库文件命令，进入元件库编辑器，在元件库编辑器中创建原理图元件，绘制 NPN 型三极管原理图，元件名称命名为 VT1。

2. 新建 PCB 库文件，进入元件封装库编辑器，设定图纸栅格为 snap = 10 mil，visible = 10 mil。在 Topover Layer 按题图所示绘制元件封装，并将该封装命名为 BCY1，要求元件封装外形轮廓的线宽设为 10 mil。

题 2 图

第三部分

基于 CPLD/FPGA 的电路的设计

项目七　一位全加器的设计

❖ **学习内容与学习目标**

项目名称	学 习 内 容	能 力 目 标	教学方法
基于 CPLD/FPGA 的一位全加器的设计	(1) Quartus Ⅱ软件的安装与卸载； (2) 开发工具 Quartus Ⅱ软件的应用； (3) 基于原理图的设计方法和流程； (4) 管脚的配置； (5) 功能仿真和时序仿真； (6) 下载到硬件，功能实现	(1) 能熟练安装和卸载 Quartus Ⅱ软件； (2) 能根据项目实际情况选择资源合适的 FPGA/CPLD 器件； (3) 能运用原理图输入法设计简单的任务； (4) 会功能仿真和时序仿真	教学做一体化实操实训为主

❖ **项目描述**

起源于 20 世纪 70 年代的可编程逻辑器件(Programmable Logic Device, PLD)发展至今，已经成为数字系统设计的主要硬件平台，在通信、数字信号处理、音/视频处理、生物医学及雷达等领域有着广泛的应用。简单来说，PLD 是一种由用户根据自己的要求构造逻辑功能的数字集成电路。和具有固定逻辑功能的 74 系列数字电路不同，PLD 本身没有确定的逻辑功能，就如同一张白纸或一堆积木，要有用户利用计算机辅助设计，依托一定的开发环境(平台)，应用原理图或硬件描述语言表达设计思想，经过编译和仿真，生成目标文件，再由编程器或下载电缆将设计文件配置到目标器件中，PLD 就变成能满足用户要求的专用集成电路，同时还可以利用 PLD 的可重复编程能力，随时修改器件的逻辑功能而无需改变硬件电路。PLD 开发示意图如图 3-7-1 所示。

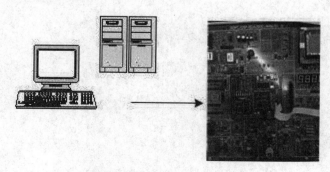

图 3-7-1　PLD 开发示意图

在本项目中，读者将学习如何使用开发工具、开发语言对可编程逻辑器件 CPLD/FPGA 进行开发，进而实现简单数字电路的设计。

"一位全加器"是用门电路实现两个二进制数相加并求出和的组合线路。一位全加器可以处理低位进位，并输出本位加法进位。作为本课程的入门任务，可以使学生循序渐进地掌握数字电路的设计思路和设计方法。

一位全加器的设计思路：采用层次结构设计方法，首先设计半加器电路，将其封装为半加器模块，然后在顶层原理图中调用半加器模块组成全加器电路。

任务一　Quartus Ⅱ 开发环境及应用

一、任务要求

(1) 掌握 Quartus Ⅱ 软件的安装与卸载；
(2) 了解 Quartus Ⅱ 软开发环境的特点；
(3) 掌握 Quartus Ⅱ 的应用流程。

二、任务实施

(一) Quartus Ⅱ 开发环境简介

Quartus Ⅱ 软件是 Altera 公司新一代的 EDA 设计工具，由该公司的 MAX+Plus Ⅱ 升级而来。它不仅继承了 MAX+Plus Ⅱ 工具的优点，更提供了对新器件和新技术的支持，集成了 Altera 的 CPLD/FPGA 开发流程中所涉及的所有工具和第三方软件接口。通过使用此综合开发工具，设计者可以创建、组织和管理自己的设计。

Quartus Ⅱ 支持多种编辑输入法，包括图形编辑输入法、VHDL、Verilog HDL 的文本编辑输入法、符号编辑输入法以及内存编辑输入法。Quartus Ⅱ 与 MATLAB 和 DSP Builder 结合可进行基于 FPGA 的 DSP 系统开发，是 DSP 硬件系统实现的关键 EDA 工具，与 SOPC Builder 结合，可实现 SOPC 系统开发。

Quartus Ⅱ 开发系统具有以下主要特点：

(1) 支持多时钟定时分析、LogicLockTM 基于块的设计、SOPC(可编程片上系统)、内嵌 SignalTap Ⅱ 逻辑分析器和功率估计器等高级工具。
(2) 易于管脚分配和时序约束。
(3) 具有强大的 HDL 综合能力。
(4) 支持的器件种类众多，主要有 Straix 系列、Cyclone 系列、HardCopy 系列、APES Ⅱ 系列、FLEX10K 系列、FLEX6000 系列、MAX Ⅱ 系列等。
(5) 包含 MAX+Plus Ⅱ 的 GUI，且容易使 MAX+Plus Ⅱ 的工程平稳过渡到 Quartus Ⅱ 的开发环境。
(6) 对于 Fmax 的设计，具有很好的效果。
(7) 支持 Windows、Linux、Solaris 等多种操作系统。

(8) 提供第三方工具，如综合、仿真等链接。

Quartus Ⅱ 软件默认的启动界面如图 3-7-2 所示，由标题栏、菜单栏、工具栏、资源管理窗口、编译状态显示窗口、信息显示窗口和工程工作区等组成。

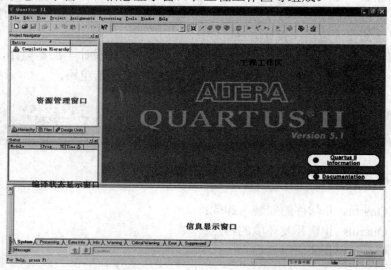

图 3-7-2 Quartus Ⅱ 软件默认的启动界面

(二) Quartus Ⅱ 安装注意事项

Quartus Ⅱ 软件是 Altera 公司自主研发的用来开发自己公司硬件的一款综合性应用软件，它的前身是 Max + PlusⅡ。目前最新版本为 Quartus Ⅱ 13.0，本书以 Quartus Ⅱ 5.0 版本进行讲解。

Quartus Ⅱ 5.0 安装包 677 MB，占用空间小，安装方便灵活。

(1) 安装完安装包后把 sys_cpt.dll 复制到 C:\altera\quartus50\bin\ 下覆盖 sys_cpt.dll 文件。

(2) 把 license.dat 里的 XXXXXXXXXXXX 用用户电脑上的网卡号替换，仅限于学习，不要用于商业目的。

(3) 网卡号即为物理地址，查找方法是在 MCSDOS 系统下(命令提示符下)输入 configip\all，如图 3-7-3 所示。

图 3-7-3 网卡查找窗口

(4) license 文件存放的路径名称不能包含汉字和空格，空格可以用下划线代替。

(三) Quartus Ⅱ的应用流程(以简单门电路设计为例)

Quartus Ⅱ支持多种设计输入方法，允许用户使用多种方法描述设计，常用设计方法有：原理图输入、文本输入、第三方EDA工具输入。

原理图输入法是一种最直接的输入方式，使用系统提供的元器件库和各种符号完成电路原理图，形成原理图输入文件，多用在对系统电路很熟悉的情况下或用在系统对时间特性要求较高的场合。当系统功能较复杂时，原理图输入方式效率低，主要优点是容易实现仿真，便于信号的观察和电路的调整。

这里以简单二输入与门电路设计为例，讲解原理图输入法。

1. 创建工程

(1) 在"File"下拉菜单中选取"New Project Wizard"选项，出现如图3-7-4所示的建立工程向导对话框，在该窗口中指定工作目录、工程名称和顶层模块名称。

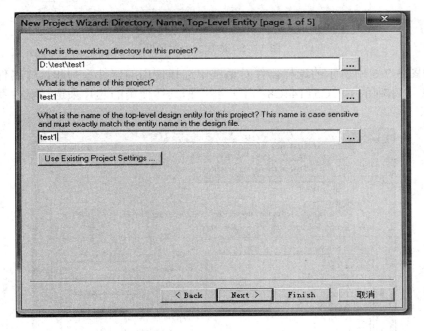

图 3-7-4　工程向导对话框

注意：在默认情况下，工程名与顶层实体名相同；

顶层实体名不能与 Quartus Ⅱ中已经提供的逻辑函数名或模块名相同(例如：and2)，否则在编译时会出现错误。

如果要在新建立的工程中使用以前建立的工程中的设置，可单击"Use Existing Project Settings"。

(2) 在建立工程向导对话框界面中单击"Next"按钮，进入如图 3-7-5 所示的"Add Files"(添加文件)对话框，可以将已经存在的输入文件添加到新建的工程中，该步骤也可在后面完成。本例中，单击"Next"按钮进入下一步。

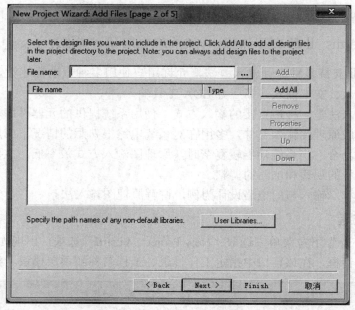

图 3-7-5 添加文件对话框

(3) 在图 3-7-6 中所示的选择器件对话框中选择使用的器件系列和具体器件,此处选择 Cyclone Ⅱ 系列的 EP2C5T144C8。用户要根据具体使用的芯片来选择器件系列和具体器件。

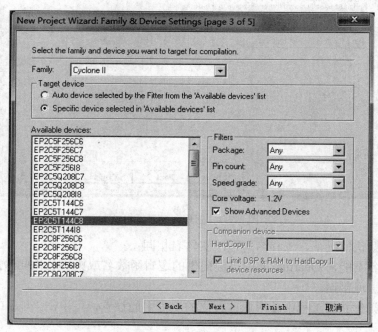

图 3-7-6 选择器件对话框

(4) 在图 3-7-5 中单击 "Next" 按钮,进入如图 3-7-7 所示的 EDA 工具设置对话框,本例不选用第三方工具,故直接单击 "Next" 按钮。

第三部分 基于 CPLD/FPGA 的电路的设计

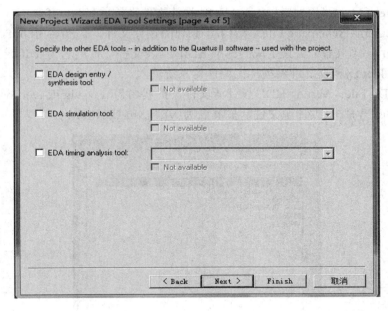

图 3-7-7 EDA 工具设置对话框

(5) 在图 3-7-8 中，显示所建立工程的相关信息，单击"Finish"按钮，完成工程的建立。

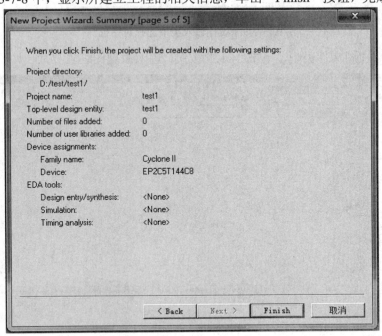

图 3-7-8 工程建立完成对话框

2. 设计输入

在进入工程工作界面中，完成设计输入步骤：

(1) 在"File"下拉菜单中选择"New"选项，如图 3-7-9 所示为设计输入类型选择对话框，Quartus Ⅱ 提供以下不同的输入方式：

AHDL File：Altera 硬件描述语言 AHDL 设计文件，扩展名为 .tdf。
Block Diagram / Schematic File：结构图/原理图设计文件，扩展名为 .bdf。
EDIF File：其他 EDA 工具生成的标准 EDIF 网表文件，扩展名为 .edf 或 .edif。
SOPC Builder System：可编程片上编译器系统输入。
Verilog HDL File：Verilog HDL 设计源文件，扩展名为 .v、.vlg 或 .verilog。
VHDL File：VHDL 设计源文件，扩展名为 .vh、.vhl 或 .vhdl。

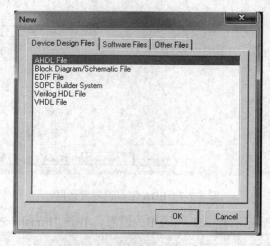

图 3-7-9　设计输入类型选择对话框

(2) 选择原理图文件类型，单击"OK"按钮，进入原理图编辑界面，如图 3-7-10 所示。

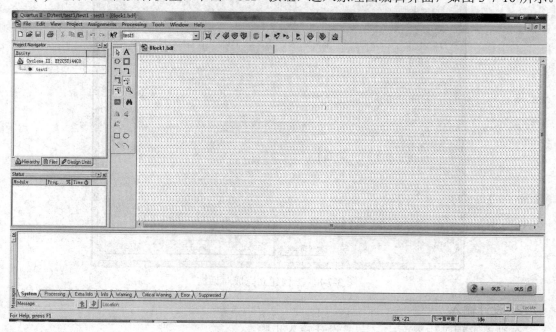

图 3-7-10　原理图编辑界面

(3) 在图 3-7-10 所示的原理图编辑窗口双击鼠标左键，弹出如图 3-7-11 所示的原理图符号对话框。

打开原理图符号对话框的方法有以下几种方法：

① 在图形窗口内双击鼠标左键；

② 单击左侧快捷工具栏中的"Symbol Tool"按钮 ；

③ 在"Edit"下拉菜单中选择"Insert Symbol"选项。

(4) 在图 3-7-4 所示的符号对话框的"Name"栏中输入"and2"，"Library"栏中出现所选择的器件名称，右空白处出现二输入的与门的符号，单击"OK"按钮，将该元件符号引入到原理图编辑窗口。

同理，引入两个输入引脚(input)符号和一个输出引脚(output)符号。注：常用的基本逻辑函数在 primitives 库中。

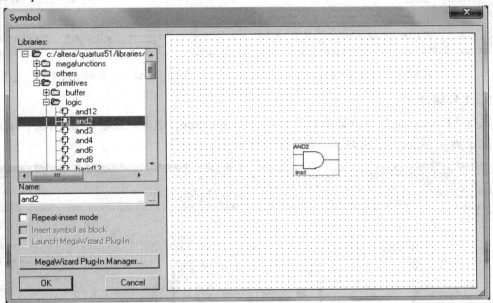

图 3-7-11　原理图符号对话框

(5) 更改输入、输出引脚的名称，在 PIN_NAME 处双击鼠标左键，进行更名，本例两输入引脚分别为 a 和 b，输出为 y。

(6) 单击左侧快捷工具栏中的"直交节点连线"工具 进行连线，如图 3-7-12 所示。或者光标靠近引脚，当出现十字时单击鼠标左键并拖动到目的节点松开鼠标完成连线。

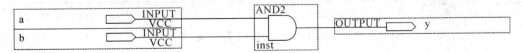

图 3-7-12　二输入与门原理图

如果按住鼠标左键拖动元件符号，连线随符号移动而拉伸，则说明连线正确，否则连线没有连接好，需要重新检查。

(7) 选择"File"下拉菜单中的"Save As"选项，保存原理图文件，如图 3-7-13 所示。选中"Add file to current project"选项，该原理图文件自动添加到当前工程中。

保存后，在主界面左侧"Project Navigator"的"Files"标签项，即可看到该文件已经添加到工程中了，如图 3-7-14 所示。

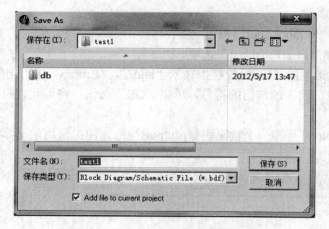

图 3-7-13　原理图文件保存对话框　　　图 3-7-14　原理图文件添加到工程中

3. 工程编译

选择"Processing"下拉菜单中的"Start Compilation"选项，或者单击工具栏中的"编译"按钮 ▶ ，完成工程的编译，如图 3-7-15 所示。

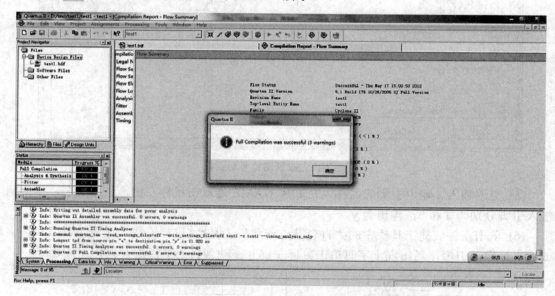

图 3-7-15　编译工程完成

Quartus Ⅱ 的编译共有 4 个步骤：分析与综合(Analysis & Synthesis)、布局连线(Fitter)、装配(Assembler)、时序分析(Timing Analyzer)。完成编译后，可查看最终生成的系统编译报告。本例仅使用了一个逻辑单元。

4. 设计仿真

(1) 建立波形仿真文件。选择"File"菜单下的"New"选项，在弹出的对话框中选择

"Vector Waveform File",如图 3-7-16 所示,新建波形仿真文件。在波形仿真文件编辑对话框中单击"File"菜单下的"Save as"选项,将该波形文件另存为"test1.vwf"。

(2) 添加观察信号。在波形文件编辑对话框的右边空白处双击鼠标右键,进入"Insert Node or Bus"对话框,如图 3-7-17 所示。

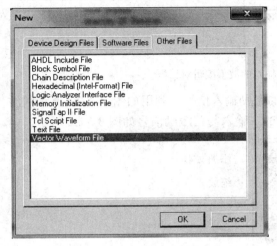
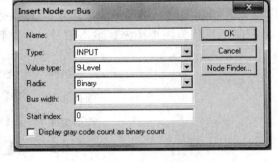

图 3-7-16　新建仿真波形文件　　　　　图 3-7-17　插入节点对话框

在该对话框下单击"Node Finder..."按钮,弹出如图 3-7-18 所示的"Node Finder"对话框,单击"List"按钮,二输入与门的三个引脚出现在左边的空白窗口,选中所有引脚,单击对话框中间的"》"按钮,三个引脚出现在对话框右边的空白处,表示为"被选择的节点",单击"OK"按钮回到波形编辑对话框,如图 3-7-19 所示。注意第二行的 Lock in 后面的文件名应和相应的波形文件对应。

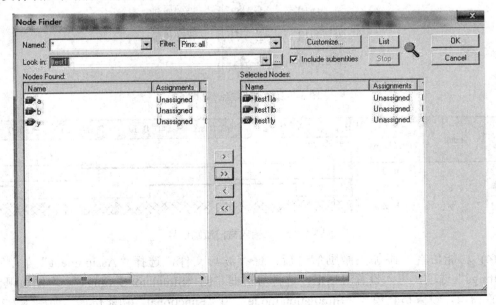

图 3-7-18　选择节点对话框

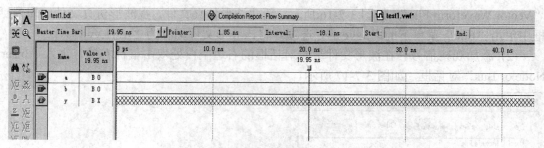

图 3-7-19　完成观察节点输入的波形编辑对话框

（3）添加激励。通过拖曳波形，产生想要的激励输入信号。利用如图 3-7-20 所示的波形控制工具条为波形图添加输入信号，所编辑的二输入与门激励信号如图 3-7-21 所示。

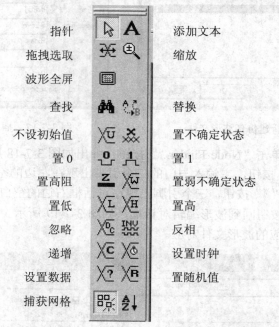

图 3-7-20　波形控制工具条

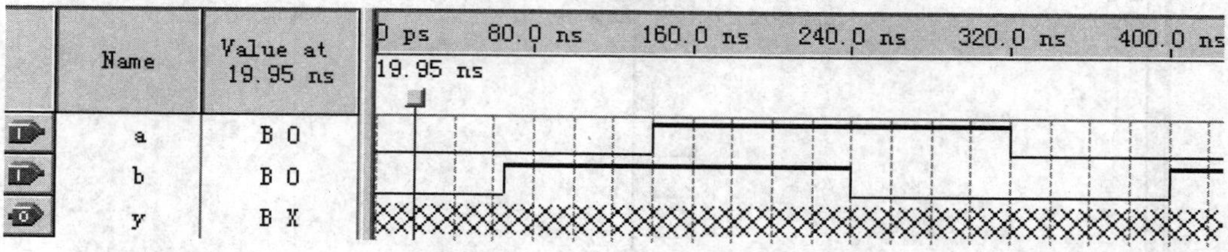

图 3-7-21　二输入与门激励信号

（4）功能仿真。添加完激励信号后，保存波形文件，选择"Assignment"菜单下的"Settings"选项，进入设置对话框，选择对话框左侧"Simulator Settings"，右侧出现仿真器设置窗口，设置仿真模式"Simulation mode"为"Functional"功能仿真，如图 3-7-22 所示，单击"OK"按钮。

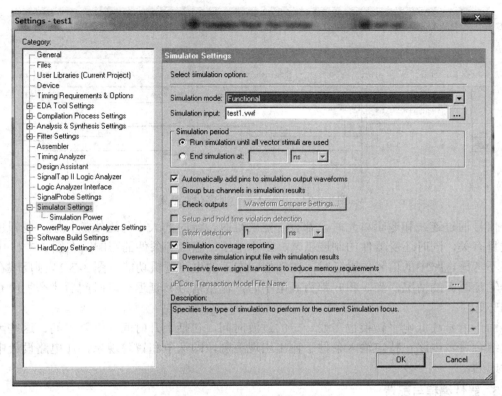

图 3-7-22　功能仿真模式选择

然后在"Processing"菜单下选择"Generate Functional Simulation Netlist",生成功能仿真网表,网表生成后,单击工具栏中的 ![] 按钮,开始仿真。功能仿真结果如图 3-7-23 所示。

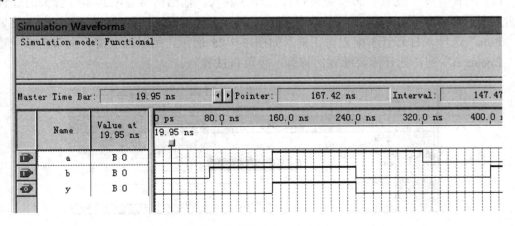

图 3-7-23　二输入与门功能仿真结果

(5) 时序仿真。在前面"Simulator Settings"对话框中,将仿真模式"Simulation mode"设置为"Timing"(时序仿真),不需要建立功能仿真网表,如图 3-7-24 所示为时序仿真结果。

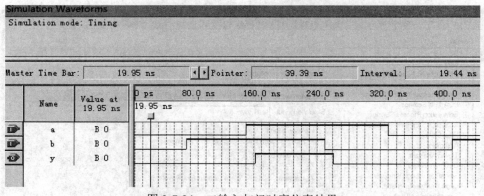

图 3-7-24 二输入与门时序仿真结果

信号通过连线和逻辑单元时，都有一定的延时，延时的大小与连线的长短、逻辑单元的数目有关，同时还受器件的制造工艺、工作电压、温度等条件的影响。在图 3-7-23 中反映了不考虑电路中的信号传输延时，在理想状态下的电路逻辑功能。图 3-7-24 则反映在信号传输延时下的情况，当 a 和 b 都为高电平时，输出信号 y 延迟一段时间后才产生由 0 到 1 的改变。

由于信号高低电平转换也需要一定的过渡时间，包括上升时间和下降时间，这些因素会使组合逻辑电路在特定输入条件下输出出现毛刺，即竞争和冒险现象，在电路设计中是要考虑的。

5. 器件编程与配置

把编译好的设计文件下载到 FPGA 器件中用以验证设计的正确性。本例中的两输入用拨码开关实现二进制数据输入，输出接一个发光二极管，通过二极管的亮灭验证设计的输出是否正确。

(1) 配置管脚。配置管脚就是将设计文件的输入、输出信号分配到器件管脚的过程。结合所使用的实验箱 FPGA 外部管脚的连接，进行引脚配置。选择"Assignments"菜单中的"Pins"选项，打开管脚配置对话框，如图 3-7-25 所示，用鼠标左键分别双击相应管脚的"Location"列，选择需要配置的管脚，也可直接输入。

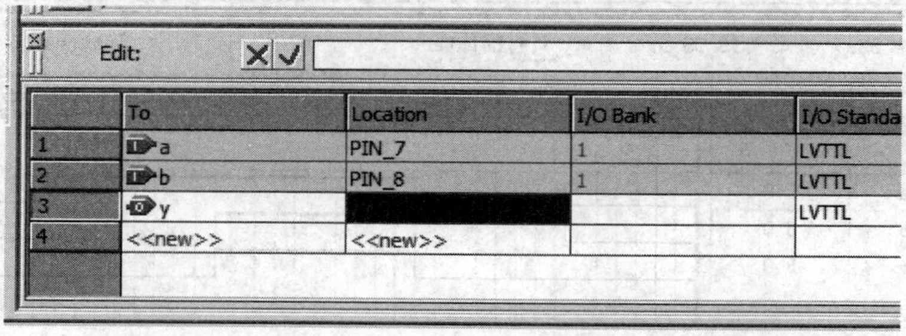

图 3-7-25 管脚配置对话框

管脚配置完成后，需要对工程设计进行重新编译。

(2) 编程下载。重新编译完成后，Quartus II 软件会自动生成编程数据文件，这个文件中包含了根据设计文件对 FPGA 内部硬件资源链接的配置，实现对芯片的编程设计。

Quartus Ⅱ 软件生成的编程文件主要分为两类：.sof 文件和 .pof 文件。其中，.sof 文件是通过连接计算机的下载电缆直接对 FPGA 进行配置；.pof 文件通过专用配置器件对 FPGA 进行配置。

这些编程文件通过编程器对 FPGA 器件进行编程。常用的编程方式有 JTAG 方式、AS 方式等。JTAG 方式支持在系统编程，将编程文件下载到可编程逻辑器件中，是通用的编程方式；AS(Active Serial)方式将编程文件下载到存储器中。

编程器常见的接口有 ByteBlaster MV、MasterBlaster、USB 接口等。ByteBlaster MV 需要接计算机并口；MasterBlaster 接计算机串口；USB 接口接计算机的 USB 口。本例使用 ByteBlaster MV 下载电缆，一端连接对应的计算机并行接口 LPT，另一端连接实验箱核心板下载接口。线缆连接完成后打开 EDA 实验装置电源。

单击菜单"Tools"中的"programmer"选项，打开如图 3-7-26 所示的编程下载窗口。

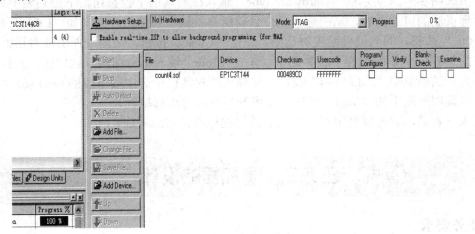

图 3-7-26　编程下载窗口

单击如图 3-7-26 中所示"Hardware Setup"按钮，弹出如图 3-7-27 所示的硬件配置对话框。

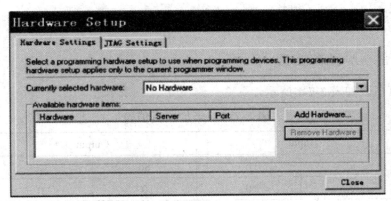

图 3-7-27　硬件配置对话框

单击如 3-7-27 图中所示的"Add Hardware..."按钮，弹出如图 3-7-28 所示的添加硬件对话框。

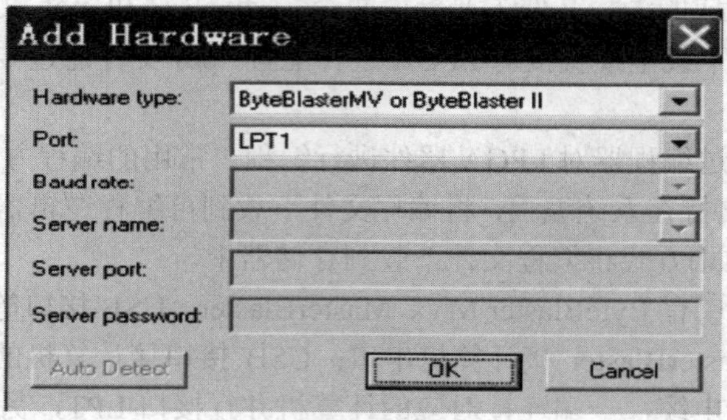

图 3-7-28 添加硬件对话框

单击如图 3-7-28 所示的"Hardware type"输入框右端的下拉按钮,下列列表中列出了各种编程机制的可选内容,从中选择适合目前所具备编程条件的方案,如"LPT1"接口,单击"OK"按钮,回到硬件配置对话框,单击"Close"按钮,关闭硬件配置对话框。

在图 3-7-26 所示的编程下载界面中,单击"Mode"输入框右端的下拉按钮,选中 JTAG 编程方式。然后单击"Add Files"按钮,在弹出的对话框中选中要下载的 test1.sof 文件。

单击编程下载中的"Start"按钮,即可开始对芯片进行编程。

完成下载后,就可以利用试验箱上的拨码进行设计功能验证。

任务二 半加器的设计

一、任务要求

用原理图输入法实现对两个一位二进制数进行相加,产生本位"和"及向高位"进位"的逻辑电路。

二、任务实施

(一)列出半加器真值表

半加器真值表如表 3-7-1 所示。

表 3-7-1 半加器真值表

Input		Output	
a	b	So	Co
0	0	0	0
0	1	1	0
1	0	1	0
1	1	0	1

分析真值表，可得如下逻辑关系(这一步可以用 EDA 中的仿真工具逻辑转换仪得到)：

So = ab' + a'b，Co = ab

(二) 半加器方框图

半加器方框图如图 3-7-29 所示。其中输入端为两个加数 a、b；输出端为本位和 So，向高位进位 Co。

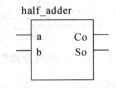

图 3-7-29 半加器方框图

(三) 设计过程

本项目采用原理图输入方式。

(1) 建立工程和文件。

① 按照建立工程的向导，建立所需工程。

注意：工程名称"half_adder"和顶层实体名称"half_adder"一致，选择与实验箱对应的 FPGA 芯片型号。

② 在建好的工程中，新建工程源文件。

注意：文件的类型为 schematic files。

(2) 画原理图。

① 输入各种元器件逻辑符号及输入、输出端口引脚，如图 3-7-30 所示。

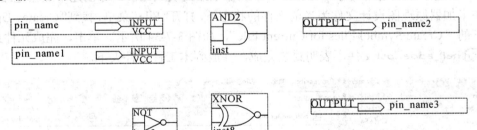

图 3-7-30 输入所需元器件和输入、输出引脚

② 重命名输入和输出引脚的名称，如图 3-7-31 所示。

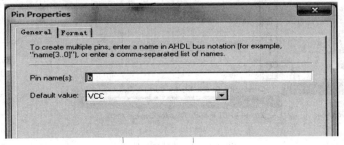

图 3-7-31 更改引脚名称

③ 连接逻辑图，半加器原理图如图 3-7-32 所示。

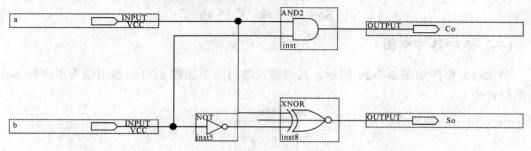

图 3-7-32　半加器原理图

(3) 编译。保存原理图文件，编译工程。
根据编译结果的错误提示，修改错误，直至编译通过。
(4) 功能仿真。建立仿真文件，并添加相应引脚和输入信号，保存后，进行功能仿真。仿真结果如图 3-7-33 所示。

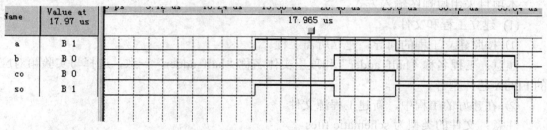

图 3-7-33　半加器功能仿真结果

(5) 创建半加器电路符号。将完成的半加器电路封装成元件，即创建半加器电路符号。
在半加器原理图设计文件为当前文件的状态下，打开"File"菜单，找到"Create / Update"选项下的"Create Symbol Files for Current File"，如图 3-7-34 所示。单击，完成元件封装，生成 half_adder.bsf 文件，表明封装完成，并放到本工程文件夹下。

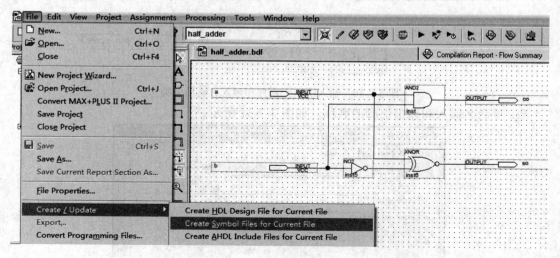

图 3-7-34　封装元件操作

任务三 一位全加器设计

一、任务描述

"一位全加器"的设计思路有两种，第一种是直接用门电路实现两个一位二进制数相加并求出和的组合线路，如图 3-7-35 所示。一位全加器可以处理低位进位，并输出本位和、高位进位。第二种方法是由两个半加器组合而成，在任务二完成的基础上设计全加器。多个一位全加器进行级联可以得到多位全加器。本任务选择第二种方法。

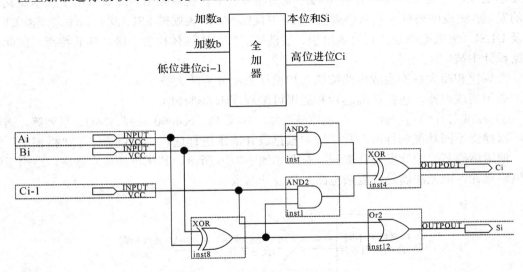

图 3-7-35 一位全加器的原理图

"一位全加器设计"是该项目的一个重要任务，从大家熟悉的、简单的原理图输入方式切入，学习可编程逻辑器件开发工具 Quartus Ⅱ 的使用，并在此基础上完成一位全加器功能的设计与实现。

二、任务要求

(1) 能根据一位全加器的设计要求，利用数字电路的知识基础设计一位全加器的原理电路图。
(2) 通过设计一位全加器，掌握基本开发流程。
(3) 完成功能电路的原理图输入、设计编译、功能仿真、定时分析。
(4) 能根据设计需要合理分配、利用实验箱/实验板硬件资源，配置引脚，完成下载验证。
(5) 根据硬件验证的过程中遇到的问题、现象，判断、分析问题并解决问题。

三、知识链接

可编程逻辑器件是在专用集成电路(Application Specific Integrated Circuit，ASIC)的基础

上发展起来的新型逻辑器件。用户通过软件进行配置和对可编程逻辑器件进行编程，使之完成某种特定的电路功能。可编程逻辑器件可以反复擦写，当通过软件来修改和升级程序时，不需要改变电路板，从而缩短了设计周期，提高了实现的灵活性，降低了开发成本，逐渐成为电子产品开发和设计的主流器件。

（一）可编程逻辑器件的发展

1. 可编程逻辑器件发展的背景

数字集成电路在不断地进行更新换代，由早期的电子管、晶体管、中小规模集成电路、发展到超大规模集成电路(VLSIC，几万门以上)以及许多具有特定功能的专用集成电路。按照摩尔定律，每隔1.5～2年，一个芯片上的晶体管数目就要翻倍。随着微电子技术及其工艺的发展，集成电路规模也从小规模 SSI、中规模 MSI、大规模 LSI、发展到超大规模 VLSI 以及 ULSI，集成电路设计具有速度快、性能高、容量大、体积小、微功耗的特点。因此在电路设计中被广泛采用。

大规模和超大规模集成电路按照芯片设计方法分为两大类：

通用集成电路，包括标准芯片和通用可编程逻辑器件(PLD)。

① 标准芯片的功能固定，不能改变。如：74 系列、cc4000 系列、74HC 系列等。需要由厂家提供不同功能的标准芯片，用户根据设计需求进行选择，有点类似于"搭积木"游戏。使用标准芯片的开发设计流程示意图如图 3-7-36 所示。其优点是成本低廉，适用于简单电路设计，但无法满足较复杂电路系统设计需求。

图 3-7-36　使用标准芯片的开发设计流程

② 通用可编程逻辑器件(PLD)集成度高、电路功能需由用户设计，通用性强。PLD 有通用的结构，包含许多可编程开关，这些开关由设计者编程，选择适当开关结构实现其所需的特殊功能。其优点：终端用户编程，开发时间短，集成度高；缺点：会有性能不满足或成本过高问题。使用可编程逻辑器件的开发设计流程示意图如图 3-7-37 所示。

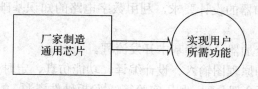

图 3-7-37　使用可编程逻辑器件的开发设计流程

(2) 专用集成电路(ASIC)，又称全定制设计芯片(如：微处理器)。芯片商提供的中小规模集成电路，可以组合任何复杂电子系统，但为了减小系统电路的体积、重量、功耗和提高可靠性，设计人员会把设计的系统直接做成一个大规模或超大规模集成电路，为某种专用用途，但开发周期较长、成本高、风险大。

ASIC 的优点：针对特殊任务进行优化，达到更好的性能；缺点：制造芯片时间过长，开发风险大。使用 ASIC 的开发设计流程示意图如图 3-7-38 所示。

图 3-7-38　使用 ASIC 的开发设计流程

随着微电子技术的发展，设计与制造集成电路的任务已不完全由半导体厂商来独立承担。系统设计师们更愿意自己设计专用集成电路芯片，而且希望 ASIC 的设计周期尽可能短，最好是在实验室里就能设计出合适的 ASIC 芯片，并且立即投入实际应用之中，因而出现了现场可编程逻辑器件，其中应用最广泛的当属 FPGA(现场可编程门阵列)和 CPLD(复杂可编程逻辑器件)。

因此，PLD 解决了专用集成电路的专业性强和成本较高以及开发周期较长的矛盾。

2. 可编程逻辑器件的发展概况

可编程逻辑器件(Programmable Logic Device，PLD)是 20 世纪 70 年代发展起来的一种新型逻辑器件，具有速度快、集成度高、可加密、可反复编程的特点。可编程逻辑器件是目前电子设计自动化技术的硬件设计载体，也是数字系统设计的主要硬件基础，目前广泛应用于电子设计的各个相关领域。

随着半导体工艺和技术的飞速发展，可编程逻辑器件的发展从最初的 PROM(可编程只读存储器)到现在的 FPGA(现场可编程门阵列)，其结构、工艺、集成度、速度等各项技术性能都在不断改进和提高。图 3-7-39 所示为可编程逻辑器件发展概况。

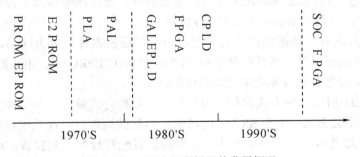

图 3-7-39　可编程逻辑器件发展概况

可编程逻辑器件发展大致分为 4 个阶段。

(1) 20 世纪 70 年代初至 70 年代中期。这一阶段可编程逻辑器件代表为可编程只读存储器(PROM)、紫外线可擦除只读存储器(Erasable PROM，EPROM)、电可擦除只读存储器(Electrially Erasable PROM，E^2PROM)三种。受结构的限制，这一阶段的可编程逻辑器件只能完成简单的数字逻辑功能。

(2) 20 世纪 70 年代中期至 80 年代中期。这一阶段出现了可编程逻辑阵列(Programmable

Logic Array，PLA)、可编程阵列逻辑(Programmable Array Logic，PAL)、通用阵列逻辑(Generic Array Logic，GAL)，这些器件在结构上较 PROM 复杂，基于"与或阵列"实现大量的逻辑组合功能。

可擦除可编程逻辑器件(Erasable Programmable Logic Device，EPLD)是改进的 GAL，在 GAL 的基础上大量增加了输出宏单元的数量和更大的与阵列，集成度更高。

(3) 20 世纪 80 年代中期至 90 年代末。FPGA 是 XILINX 公司于 1985 年首先推出的新型高密度 PLD 器件，与"与或阵列"不同，其内部包含多个独立的可编程逻辑块，这些逻辑块通过连线资源灵活互连。CPLD 在 EPLD 的基础上发展而来，增加了内部连线，逻辑单元和 I/O 单元都有重大改进。CPLD 和 FPGA 提高了逻辑运算速度，体系结构和逻辑单元灵活，集成度高，编程方式灵活，是产品原型设计和中小规模电子产品的首选。

(4) 20 世纪 90 年代末至今。由于可编程片上系统(System On Programmable Chip，SOPC)和片上系统(System On Chip，SOC)技术的出现，从而可以在 FPGA 器件中内嵌复杂功能模块，实现系统级电路设计。

3. 可编程逻辑器件的分类

(1) 按集成度分。可编程逻辑器件按照集成度分为低密度可编程逻辑器件(LDPLD)和高密度可编程逻辑器件(HDPLD)。

较早发展起来的 PROM、PLA、GAL 等 PLD 产品为低密度可编程逻辑器件(LDPLD)，或称简单可编程逻辑器件(SPLD)，EPLD、CPLD 和 FPGA 为高密度可编程逻辑器件(HDPLD)。

(2) 按结构特点分。可编程逻辑器件的基本结构可分为"与或阵列"和"门阵列"两大类。

"与或阵列"类的基本逻辑结构由"与阵列"和"或阵列"组成，从而有效实现布尔逻辑函数之"积之和"，主要包括 PROM、PLA、GAL、EPLD、CPLD。

"门阵列"类的基本逻辑单元包含门、触发器等，通过改变内部走线的布线编程实现一些较大规模的复杂数字系统，主要包括 FPGA。

(3) 按编程方式分。按照编程方式分类，可编程逻辑器件可分为四类，包括一次性编程的熔丝/反熔丝编程器件、紫外线擦除/电可编程器件(U/EPROM)、电擦除/电可编程器件(E^2PROM)、基于静态随机存储器编程器件(SRAM)。

大多数 CPLD 用第二种方式编程，FPGA 用第四种方式编程。前三种的特点是系统断电后，编程信息不会丢失。基于 SRAM 的可编程器件的编程信息在系统断电后会丢失，属于易失性器件。此类器件工作前需要从芯片外部加载配置数据，配置数据可存储在片外的 EPROM 或 CPLD 上。

(二) 简单 PLD 的结构

PLD 器件由用户在相应的用户平台上完成电路功能设计开发，由于其具有的逻辑设计灵活性，逐渐成为现代电路设计的主流方向。读者有必要了解 PLD 内部的资源和结构。简单 PLD 主要包括早期发展的 PROM、PLA、PAL 和 GAL 等，在结构上，它们一般包含逻辑阵列、输入单元和输出单元，PLD 结构示意图如图 3-7-40 所示。

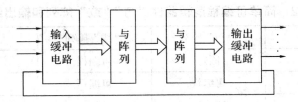

图 3-7-40　PLD 结构示意图

逻辑阵列由与或阵列和反相器组成。在与或阵列中，每一个交叉点都是一个可编程熔丝，如果导通就是实现"与"逻辑，在"与"阵列后一般还有一个"或"阵列，用以完成最小逻辑表达式中的"或"关系。另外，通过反相器可以得到信号的反变量，这样通过可编程"与"阵列可以实现任意组合逻辑。与或阵列示意图如图 3-7-41 所示，为三输入三输出的乘积项结构示意图，A0、A1、A2 为三个输入端(可实现原、反变量的输入)，F0、F1、F2 为三个输出端，"x"为可编程连接点，通过与、或门构成可编程的八个乘积项。

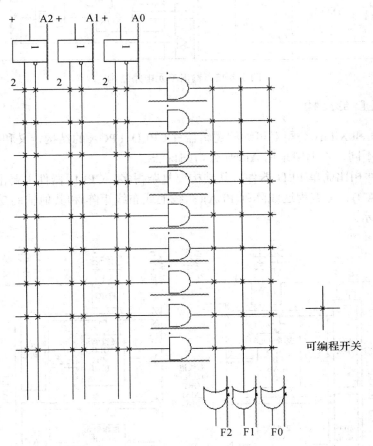

图 3-7-41　与或阵列示意图

PROM、PLA、PAL、GAL 的主要区别在于哪个矩阵可编程以及输出的结构的形式，见表 3-7-2。

表 3-7-2 简单可编程逻辑器件"与""或"阵列和输出结构表

器件类型	"与"阵列	"或"阵列	输出
PROM	固定	可编程	
PLA	可编程	可编程	
PAL	可编程	固定	I/O 可编程
GAL	可编程	固定	宏单元

简单 PLD 的输出单元电路结构如图 3-7-42 所示,主要包括寄存器,完成直接输出(实现组合逻辑)或寄存器输出及输出信号的反馈(实现时序逻辑)。

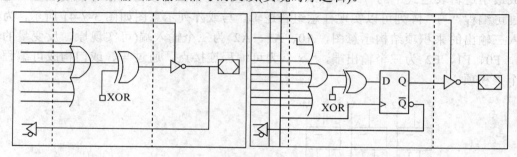

图 3-7-42 输出单元电路结构

(三) CPLD 的结构

Altera 公司和 Xilinx 公司对可编程逻辑器件 CPLD、FPGA 的结构定义和描述基本相同,只是某些名词不同,本书中采用 Altera 公司的说法。

CPLD 器件相比简单 PLD 器件,其结构要复杂得多。CPLD 器件主要由 I/O 单元、逻辑阵列模块(LAB)、可编程连线阵列(PLA)(布线池或布线矩阵)和其他辅助功能模块构成,如图 3-7-43 所示。

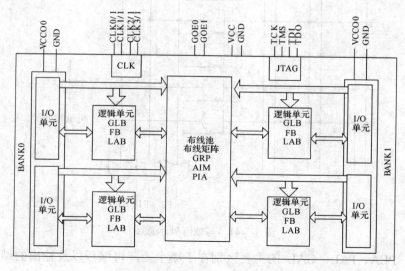

图 3-7-43 CPLD 结构示意图

1. I/O 单元

输入/输出单元简称 I/O 单元，是芯片与外界电路的接口部分，完成不同电气特性下对输入、输出信号的驱动与匹配需求。可编程 I/O 单元可以通过软件的灵活配置，适配不同的电气标准和 I/O 物理特性，或调整匹配阻抗特性，上、下拉电阻等。

所有 I/O 引脚都有一个三态缓冲器，当三态缓冲器的控制端接地时，输出为高阻态，此时 I/O 可作为输入引脚使用；当三态缓冲器的控制端接高电平时，输出有效。用户可以根据设计需求进行编程配置，将引脚设置为输入、输出、漏极开路及多电压 I/O 接口等。

但是 CPLD 应用范围局限性较大，I/O 的性能和复杂度与 FPGA 相比有一定的差距，支撑的 I/O 标准较少，频率也较低。

2. 逻辑阵列块(LAB)

CPLD 中用于实现逻辑功能的主体是 LAB。LAB 中的主要逻辑单元称为宏单元(LE)。宏单元由逻辑阵列、乘积项选择矩阵和可编程触发器组成。其中，逻辑阵列、乘积项选择矩阵用以实现组合逻辑功能，可编程触发器用以实现时序逻辑。ALTERA 公司的 MAX 7000 系列 CPLD 器件内部结构示意图如图 3-7-44 所示，一个 LAB 包含 16 个宏单元。

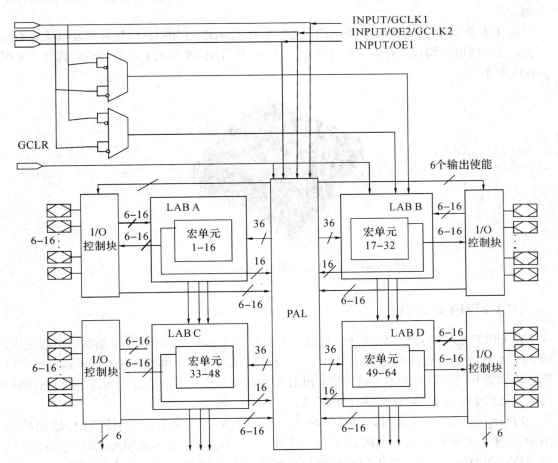

图 3-7-44　MAX 7000 系列 CPLD 器件内部结构示意图

MAX 7000系列CPLD器件允许应用共享和并联扩展乘积项实现复杂逻辑。共享乘积项是由每个宏单元提供一个未使用的乘积项，将其反相后反馈到逻辑阵列，以便集中使用；并联扩展乘积项是利用LAB中没有使用的宏单元及乘积项，将它们分配到邻近的宏单元中，实现高速复杂的逻辑功能。

3. 可编程连线阵列(PLA)

PLA提供信号传递的通道。CPLD中的布线资源相对FPGA要简单有限，一般采用集中式布线池结构。布线池本身就是一个开关矩阵，通过可编程连线完成不同宏单元输入与输出项之间的连接。

CPLD器件内部互联资源比较缺乏，所以在某些情况下器件布线时会遇到一定的困难。由于CPLD的布线池结构固定，故CPLD的输入引脚到输出引脚的标准延时固定，称为"Pin to Pin"延时，用Tpd表示，Tpd延时反映了CPLD器件可以实现的最高频率，也就是清晰地表明了CPLD器件的速度等级。

4. 其他辅助功能模块

其他辅助功能模块包括JTAG编程模块，一些全局时钟、全局使能及全局复位/置位单元等。

总体来说，CPLD多为乘积项结构，工艺为EECMOS、E^2PROM\Flash和反熔丝等不同工艺，具有断电时编程信息不丢失等特点。Altera公司MAX系列CPLD器件，其外观如图3-7-45所示。

图3-7-45 Altera公司MAX系列CPLD器件外观

(四) FPGA的结构

从CPLD的器件结构可以看出，高密度CPLD需要额外全局布线，布局布线不够灵活，而FPGA将逻辑单元块排列在互联阵列中，更方便实现行列可编程互联，或者跨过所有或部分阵列的互联，因此FPGA器件较CPLD器件能够提供更多的资源，实现更复杂的逻辑功能，这与FPGA内部结构有着直接关系。

FPGA芯片结构示意图如图3-7-46所示，FPGA芯片主要由可编程输入/输出单元(IOB)、基本可编程逻辑单元(CLB)、时钟管理模块(DCM)、嵌入式(RAM)以及布线资源等组成，另外，不同系列的FPGA器件内嵌的底层功能单元和内嵌专用硬件模块也会有所不同。

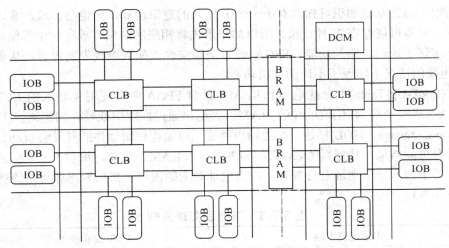

图 3-7-46 FPGA 芯片结构

1. 可编程输入/输出单元(IOB)

IOB 简称 I/O 单元，是芯片与外界电器的接口部分，将外部信号引入 FPGA 内部可配置逻辑块(CLB)进行逻辑功能的实现，并把结果输出给外部电路，可以根据需要进行配置，以支持多种不同的接口标准，完成不同电气特性下对输入/输出信号的驱动与匹配要求。

为了便于管理和适应多种电气标准，FPGA 的 IOB 被划分为若干个组(BANK)，每个 BANK 的接口标准由其接口电压 VCCO 决定，一个 BANK 只能有一种 VCCO，但是不同的 BANK 的 VCCO 可以不同。只有相同电气标准的端口才能连接在一起，通过软件的灵活配置，可以适配不同的电气标准与 I/O 物理特性。图 3-7-47 所示为 Cyclone Ⅲ EP3C 系列的 IOB BANK 分布示意图。

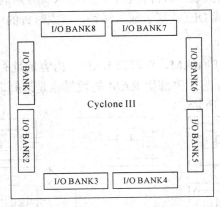

图 3-7-47 Cyclone Ⅲ EP3C 系列的 IOB BANK 分布示意图

2. 可配置逻辑块(CLB)

CLB 是 FPGA 内的基本逻辑单元，CLB 的实际数量和特性会依器件的不同而不同。CLB 几乎是查找表加寄存器结构，实现工艺为 STAM、Flash、Anti-Fuse(反熔丝)等。CLB 是高度灵活的，可以对其进行配置以便处理组合逻辑、移位寄存器或 RAM。

根据数字电路基础知识可知,对于一个 n 输入的逻辑运算,无论与、或、非运算还是异或运算,最多可能存在 2^n 种结果。所以如果事先将相应的结果存放在一个存储单元里,就相当于实现了逻辑电路的功能。FPGA 通过烧写文件去配置查找表的内容,从而在相同的 PCB 电路的情况下实现了不同的逻辑功能。

LUT(Look-Up-Table)本身就是一个 RAM,目前 FPGA 中多使用 4 输入的 LUT,每个 LUT 可以看成一个有 4 位地址线的 RAM。当用户通过原理图或硬件描述语言(Hardware Description Language,HDL)描述一个逻辑电路后,可编程逻辑器件的开发会自动计算逻辑电路的所有可能结果,并把真值表(即结果)事先写入 RAM,这样,每输入一个信号进行逻辑运算就等于输入一个地址进行查表,找出地址对应的内容,然后输出即可,查找表实现原理见表 3-7-3。

表 3-7-3 查找表实现原理

实际逻辑电路		LUT 的实现方式	
a/b/c/d 输入	逻辑输出	RAM 地址	RAM 中存储的内容
0000	0	0000	0
0001	0	0001	0
⋮	⋮	⋮	⋮
1111	1	1111	1

从表 3-7-3 可以看出,LUT 具有和逻辑电路相同的功能,但 LUT 具有更快的执行速度和更大的规模,采用基于 SRAM 工艺查找表结构,提供了多次重复编程实现的基础(注:一些军品、宇航级 FPGA 采用 Flash 或者熔丝与反熔丝工艺的查找表结构)。通过烧写文件改变查找表内容的方法来实现对 FPGA 的重复配置。

3. 数字时钟管理模块(DCM)

业内大多数 FPGA 均提供数字时钟管理。时钟输入有专用的固定端口。FPGA 器件生产商在 FPGA 内部集成 PLL 或 DLL,基于输入时钟,产生时钟的可编程模块,用于整个器件。

4. 嵌入式块(RAM)

块 RAM 可配置为单端口 RAM、双端口 RAM、内容地址存储器 RAM 以及 FIFO 等常用存储结构。在实际应用中,芯片内部块 RAM 的数量也是选择芯片的一个重要因素。FPGA 内嵌的块 RAM 如图 3-7-48 所示。

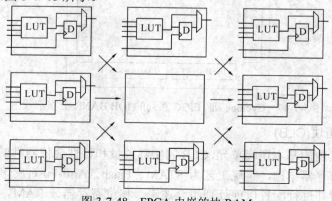

图 3-7-48 FPGA 内嵌的块 RAM

5. 布线资源

FPGA 内部丰富的互联线资源对其可编程灵活性起着关键的作用。布线资源连通 FPGA 内部的所有单元，根据工艺、长度、宽度和分布位置不同划分为四种不同类型：

(1) 全局布线资源，用于芯片内部全局时钟和全局复位/置位的布线；
(2) 长线资源，用以完成芯片 Bank 间的高速信号和第二全局时钟信号的布线；
(3) 短线资源，用于完成基本逻辑单元之间的逻辑互连和布线；
(4) 分布式的布线资源，用于专有时钟、复位等控制信号线。

实际设计中，设计者不需要直接选择布线资源，布局布线器可自动根据输入逻辑网表的拓扑结构和约束条件选择布线资源来连通各个模块单元。

6. 底层内嵌功能单元

内嵌功能模块主要指 DLL(Delay Locked Loop)、PLL(Phase Locked Loop)、DSP 等软处理核，现在越来越丰富的内嵌功能单元，使得单片 FPGA 成了系统级的设计工具，使其具备了软、硬件联合设计的能力，并逐步向 SOC 平台过渡。

7. 内嵌专用硬核

相对于底层嵌入的软核而言，内嵌专用硬核指 FPGA 处理能力强大的硬核(Hard Core)，等效于 ASIC 电路。为了提高 FPGA 性能，芯片生产商在芯片内部继承了一些专用的硬核，例如：为了提高 FPGA 的乘法速度，主流的 FPGA 中都集成了专用乘法器，为了适用通信总线与接口标准，很多高端 FPGA 内部集成了串/并收发器，可达到数十吉字节每秒的收发速度。

根据器件型号可以获得 FPGA 芯片的基本信息。Altera 公司的 FPGA 芯片的命名规则：工艺 + 型号 + 封装 + 引脚 + 温度 + 芯片速度 +(可选扩展名)。

Altera 公司的 FPGA 器件型号命名示意图如图 3-7-49 所示，以 Altera 公司的 Cyclone Ⅲ系列 EP3C16Q240C8 器件为例，该器件是 EP 工艺，3C 为 Cyclone 3 系列，16 表示该器件所含逻辑单元数量约为 16 K(具体为 15408 logic elements)，Q 表示封装类型为 PQFP，240 表示为 240 pins，C 表示工作温度为 0℃～55℃(商业级)，8 为该器件速度级别，这个数值越小，速度越快。

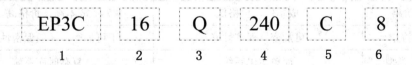

3—工艺 + 型号；2—LE 数量；3—封装类型；4—引脚数目；5—工作温度；6—器件速度

图 3-7-49　Altera 公司 FPGA 器件型号的命名示意图

FPGA 典型工艺结构对比情况见表 3-7-4，按照配置信息用何种存储器保存可将 FPGA 工艺结构分为基于反熔丝结构的 FPGA、基于 Flash 结构的 FPGA 和基于 SRAM 结构的 FPGA 三类。

工艺结构决定了 CPLD/FPGA 芯片的特性和应用场合。

表 3-7-4 FPGA 典型工艺结构对比情况

	熔丝/反熔丝工艺	Flash 工艺	SRAM 工艺
技术要点	一次性编程、非丢失性	反复擦写、断电后内容非常易失	反复擦写，断电后失去所有的配置，需上电重新加载
可编程性	一次性编程	可重复编程	可重复编程
优点	工作效率高，上电即运行；安全性高，无需配置外部芯片，抗干扰性强，功耗低	上电配置时间极端安全性高，不需外部配置芯片功耗较低	技术成熟可选产品多广泛使用
缺点	失去反复可编程灵活性	成本较高，未广泛使用	需片外配置芯片，功耗较高，安全性差
适用范围	国防、航空航天应用	一般商用，要求设计安全性	一般商用数字系统

（五）CPLD 与 FPGA 的对比

1. 两类器件结构和性能对比

CPLD、FPGA 的结构、性能对照表如表 3-7-5 所示。

表 3-7-5 CPLD、FPGA 结构性能对比表

项目	CPLD	FPGA
结构	多为乘积项	多为查找表+寄存器结构
工艺	多为 E^2PROM	多为 SRAM
规模与逻辑复杂度	规模小，逻辑复杂度低	规模大，逻辑复杂度高
布线的延时	固定	每次布线的延迟不同
布线资源	相对有限	丰富
编程与配置	编程器烧写 ROM 或 ISP 在线编程，掉电后程序不丢失	BOOT RAM 或 CPU/DSP 在线编程，多数属 RAM 型，掉电后程序丢失
成本与价格	成本低，价格低	成本高，价格高
保密性能	可加密，保密性好	不可加密，一般保密性较差
适用设计类型	简单逻辑系统	复杂时序系统

一般来说，CPLD 适用于低端、小型或中等设计。FPGA 由于具有数千个 LE，可建立大型复杂设计，可以直接移植到 ASIC。某些 FPGA 器件为很多协议提供收发器支持，适用于高速通信开发。

2. 两类器件的供应商和产品

(1) FPGA 的供应商和产品。

1984 年，Xilinx 发明了现场可编程门阵列 FPGA，至今，Xilinx 在 FPGA 开发领域

拥有领先优势和较大份额。其两大类 FPGA 主要产品：Spartan 类和 Virtex 类。前者主要面向低成本的中低端应用，后者面向高端应用，两个系列的差异主要在于芯片的规模和专用模块。

Spartan 系列适用普通的工业、商业领域，目前主流芯片包括 Spartan-2、Spartan-3、Spartan-3A、Spartan-3E、Spartan-6 等。Spartan-3A、Spartan-3E、Spartan-6 增加了大量的内嵌专用乘法器和专用块 RAM 资源，具备实现复杂数字信号处理和片上系统的能力。

Virtex 系列主要面向电信基础设施、汽车工业、高端消费电子等应用。目前主流芯片包括 Virtex-4、Virtex-5、Virtex-6、Virtex-7 等。

Altera 公司是 20 世纪 90 年代以来发展较快的 PLD 生产厂家。在激烈的市场竞争中，Altera 公司凭借其雄厚的技术实力、独特的设计构思和功能齐全的芯片系列，跻身于世界最大的可编程逻辑器件供应商行列。早期经典产品包括 Classic、MAX3000A、MAX5000、MAX7000、MAX9000 系列等，后来又推出 FLEX8000、FLEX6000、FLEX10K、FLEX20K、ACEX1K 等系列的逻辑单元采用查找表 LUT 结构的系列产品。近几年又推出了 Cylone 系列和 Stratix 系列。目前其主要有两大类 FPGA 产品：Cylone 系列和 stratix 系列。前者侧重于低成本应用，容量中等，性能可以满足一般的逻辑设计要求；后者侧重于高性能应用，容量大、性能满足各类高端应用。

Cylone 系列为中低端应用的通用 FPGA。目前主流芯片包括：Cyclone Ⅱ、Cyclone Ⅲ、Cyclone Ⅳ、Cyclone Ⅴ 等。该系列能提供硬件乘法器、硬件锁相环等单元且功耗低，系统成本低，可满足批量应用的市场需求。

Stratix 系列为大容量 FPGA。主流芯片包括：Stratix、Stratix Ⅱ、stratix Ⅴ 等。其中，stratix Ⅴ 为 Altera 的高端产品，采用 28 nm 工艺，提供 28 Gbit/s 的速率收发器件。

(2) CPLD 的供应商和产品。

Xilinx 公司的 CPLD 器件系列有：XC9500、CoolRunner、XPLA、CoolRunner-Ⅱ 系列器件。

Altera 公司的器件系列有：MAX Ⅱ、Ⅱ Z 和 Ⅴ 器件；MAX3000 系列；MAX7000 系列。

(六) FPGA 的应用

FPGA(Field Programmable Gate Array)是在 PAL、GAL、CPLD 等可编程器件的基础上进一步发展的产物。作为专用集成电路 ASIC 领域的一种半定制电路而出现，既解决了定制电路的不足，又克服了原有可编程器件门电路数有限的缺点。FPGA 是当今数字系统设计的主要硬件，其主要特点就是完全由用户通过软件进行配置和编程，从而实现某种特定的功能，且可以反复擦写。在修改和升级时，不需要额外改变 PCB，只是在计算机上修改和更新程序，使硬件设计工作成为软件开发工作，缩短了系统设计的周期，提高了实现的灵活性并降低了成本，获得了广大硬件工程师的青睐。

目前，随着 FPGA 从可编程逻辑芯片升级为可编程系统级芯片，FPGA 在电路中的角色已经从最初的逻辑组合延伸到数字信号处理、接口、高密度运算等更广泛的范围，应用领域也从通信延伸到消费电子、汽车电子、工业控制、医疗电子等更多领域。

FPGA 的主要设计和生产厂家有 Xilinx、Altera、Lattice、Actel、QuickLogic 等公司，以 Xilinx 和 Altera 两家公司所占市场份额最大。

四、任务实施

(一) 分析全加器的功能得出真值表

1. 全加器功能和真值表

根据前面的分析可知,一位全加器可由两个半加器和一个或门构成,从而实现对两个一位二进制数及来自低位的"进位"进行相加,产生本位"和"及向高位"进位"的逻辑电路。

全加器真值表如表 3-7-6 所示。

表 3-7-6 全加器真值表

input			output	
ain	bin	cin	Sum1	Cout1
0	0	0	0	0
0	0	1	1	0
0	1	0	1	0
0	1	1	0	1
1	0	0	1	0
1	0	1	0	1
1	1	0	0	1
1	1	1	1	1

2. 全加器框图

全加器框图如图 3-7-50 所示。其中输入端为三个加数,ain、bin 为两个一位二进制加数,cin 为低位进位;输出端为本位和 sum1,向高位进位 cout1。

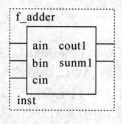

图 3-7-50 全加器框图

(二) 设计过程

(1) 设计原理图。在前面半加器设计已经建好的工程中,新建工程设计文件,文件命名为 "f_adder"。

注意:文件的类型为 Block Diagram / Schematic File。

① 调用封装好的半加器元件,如图 3-7-51 所示。

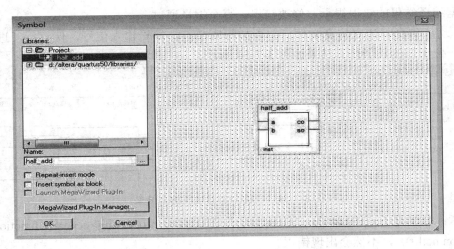

图 3-7-51 调用封装好的半加器元件

② 完成原理图的输入，一位全加器原理图设计，如图 3-7-52 所示。

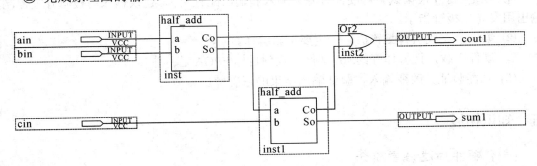

图 3-7-52 一位全加器原理图设计

(2) 编译。保存原理图文件。

执行 "Project / set as Top-level Entity" 命令，将 "f_adder" 文件设置为顶层实体，然后编译工程，如图 3-7-53 所示。

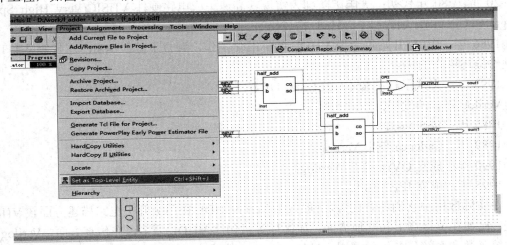

图 3-7-53 将 "f_adder" 设置为顶层实体

根据编译结果的错误提示，修改错误，直至编译通过。

(3) 功能仿真。建立仿真文件，并添加相应节点，编辑输入信号，保存后，进行功能仿真。一位全加器功能仿真结果如图 3-7-54 所示。

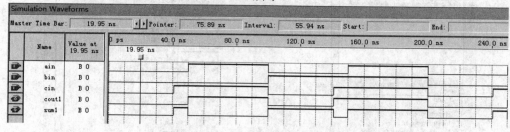

图 3-7-54 一位全加器功能仿真结果

注意：如果是 functional simulation(功能仿真)，要做 processing>generate functional Simulation netlist...，不然会出现错误。

(4) 器件编程/配置。

① 锁定引脚，根据试验箱硬件资源为输入和输出配置引脚。建议输入用拨码开关控制，输出用发光二极管指示。

② 编译，完成引脚配置后，一定要重新编译。

③ 硬件下载，把编译好的.sof 文件下载到目标 FPGA 芯片中。

(5) 功能验证。改变输入，验证输出结果的正确性。

五、知识拓展

(一) 硬件描述语言简介

硬件描述语言(Hardware Description Language)是一种用文本形式来描述数字电路和系统的语言。应用最广泛的 HDL 是 VHDL 语言和 Verilog 语言等。

VHDL(VHSIC Hardware Description Language)的发展：

20 世纪 80 年代初：美国国防部为实现其高速集成电路硬件 VHSIC(Very High Speed Integrated Circuit)计划提出了 VHDL 描述语言。

1986 年：IEEE 开始致力于 VHDL 的标准化工作，融合了其他 ASIC 芯片制造商开发的硬件描述语言的优点。

1993 年：形成了标准版本(IEEE.std_1164)。

Verilog 语言的发展：

1985 年：Verilog-xl。

1989 年：Cadence 使用 Verilog。

1990 年：成立 OVI，推广 Verilog。

1995 年：成立 IEEE 标准。

在实际应用中它们各有优势。一般认为 Verilog HDL 在门级开关电路描述方面较 VHDL 强些，比如在位运算上和其他方面，如循环等语句比 VHDL 要多，在仿真方面，Verilog 拥有系统函数和系统任务可供调用，另外，Verilog 的语法风格酷似 C 语言，这在编程学习中省去了熟悉语言语法格式的过程。

VHDL 在系统级抽象方面比 Verilog HDL 表现好已成为数字电路和系统的设计、综合、仿真的标准。

1995 年,我国国家技术监督局推荐 VHDL 作为电子设计自动化硬件描述语言的国家标准。

VHDL 语言的不足之处在于设计的最终实现取决于针对目标器件的编程器,工具的不同会导致综合质量不一样。

其他硬件描述语言包括 ABEL-HDL 和 AHDL 等,ABEL-HDL 是美国 DATA I/O 公司开发的硬件描述语言,是在早期的简单可编程逻辑器件(如 GAL)基础上发展起来的。AHDL 语言是 Altera 公司为开发自己的产品而专门设计的语言。

(二) 基本开发流程

可编程芯片的设计方法包括硬件设计和软件设计两部分。硬件包括 CPLD/FPGA 芯片电路、存储器、输入/输出接口电路以及其他设备,软件是相应的 HDL 程序或嵌入式 C 程序。对于 CPLD/FPGA 设计采用自顶向下,按照层次化、结构化的设计方法,从系统级到功能模块的软、硬件协同设计,达到软、硬件的无缝结合。

1. CPLD/FPGA 设计流程

CPLD/FPGA 设计流程就是利用 EDA 开发软件和编程工具对 CPLD/FPGA 芯片进行开发的过程。典型 CPLD/FPGA 开发流程如图 3-7-55 所示。

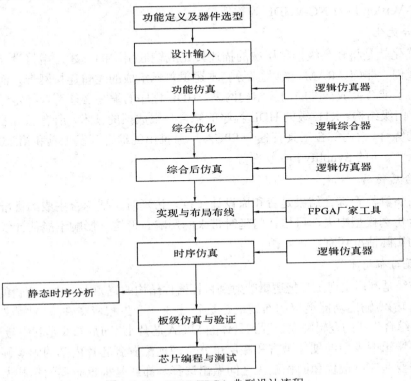

图 3-7-55 CPLD/FPGA 典型设计流程

1) 功能定义/器件选型

根据设计项目的任务要求，必须定义系统功能、划分模块，另外，根据系统功能和复杂度，权衡工作速度、器件本身资源、成本、连线的可布性，选择合适的设计方案和合适的器件类型。一般都采用自顶向下的设计方法，把系统分成若干个基本单元，然后再把每个基本单元划分为下一层次的基本单元。

2) 设计输入

设计输入是将所设计的系统或电路以开发软件要求的形式表示出来，并输入给 EDA 工具的过程。常用方法有硬件描述语言 HDL 和原理图输入方法等。

原理图输入直观，易于仿真，但不易维护，不利于模块构造和重用，可移植性差。当芯片升级后，所有的原理图都需要做一定的改动。

HDL 语言输入利用文本描述设计，其语言与芯片工艺无关，利于自顶向下设计，便于模块的划分与移植，具有较强的逻辑描述和仿真功能，输入效率高。

也可以用 HDL 为主，原理图为辅的混合设计方式，以发挥两者的各自特色。

3) 功能仿真

功能仿真也称前仿真，是在编译之前对用户所设计的电路进行逻辑功能验证，此时的仿真没有延迟信息，仅对初步的功能进行检测。仿真前，要利用波形编辑器和 HDL 等建立波形文件和测试向量(即将所关心的输入信号组合成序列)，仿真结果将会产生报告文件和输出信号波形，从中可以观察各个节点信号的变化。如果发现错误，则返回，修改逻辑设计。常用第三方工具有 Model Tech 公司的 ModelSim, Sysnopsys 公司的 VCS 和 Cadence 公司的 NC-Verilog 以及 NC-VHDL 等软件。

4) 综合优化

综合优化就是将较高级抽象层次的描述转化成较低层次的描述，指将设计输入编译成由与门、或门、非门、RAM、触发器等基本逻辑单元组成的逻辑连接网表，而非真实的门级电路。为了能转换成标准的门级结构网表，HDL 程序的编写必须符合特定综合器要求的风格，由于门级结构、RTL 级的 HDL 程序的综合是很成熟的技术，所有综合器都可以支持这一级别的综合。常用综合工具有各个 FPGA 厂家推出的综合开发工具和第三方综合工具，如 Synplicity 公司的 Synplify Pro 软件等。

5) 综合后仿真

综合后仿真检查综合结果是否和原设计一致。仿真时，把综合生成的标准延时文件反标注到综合仿真模型中去，可估计门延时带来的影响。但这一影响不能估计线延时，因此和布线后的实际情况还有一定差距。

6) 实现与布局布线

布局布线是利用实现工具把逻辑映射到目标器件结构的资源中，决定逻辑的最佳布局，选择逻辑与输入/输出功能链接的布线通道进行连线并产生相应文件(如配置文件与相关报告)，实现将综合生成的逻辑网表配置到具体的 FPGA 芯片上，布局布线是其中最重要的过程。

布局将逻辑网表中的硬件语言和底层单元合理地配置到芯片内部的固有硬件结构上，并且往往需要在速度最优和面积最优之间做出选择。布线是根据布局的拓扑结构，利用芯片内部的各种连线资源，合理正确地连接各个元件。布线结束后，软件工具会自动生成报告,提供设计中各部分资源的使用情况。由于只有 FPGA 芯片生产商对芯片结构最为了解,故布局布线必须选择芯片开发商提供的工具。

7) 时序仿真

时序仿真也称后仿真,指将布局布线的延时信息反标注到设计网表中来检测有无时序违规(即不满足时序约束条件或器件固有的时序规则,如建立时间、保持时间等)现象。时序仿真包含的延迟信息最全,也最精确,能较好地反映芯片的实际工作情况。

8) 板级仿真与验证

板级仿真主要应用于高速电路设计中,对高速系统的信号完整性、电磁干扰等特征进行分析,一般都以第三方工具进行仿真和验证。

9) 芯片编程与调试

设计的最后一步是芯片编程与调试。芯片编程是指产生使用的数据文件(如:位数据流文件 bit 文件、sof 文件等),然后将编程数据下载到 FPGA 芯片中进行验证。主流的 FPGA 芯片生产商都提供内嵌的在线逻辑分析仪(如 XILINX ISE 中的 Chipscope、Altera Quartus 中的 SignalTap II 以及 SignalProb)来进行调试。

2. 编程方式

可编程逻辑器件编程又称为配置,指将开发系统编译后产生的配置数据文件装入可编程逻辑器件内部的可配置存储器的过程。

这里简单介绍 Altera 公司 FPGA 芯片的编程配置方法。根据 FPGA 在配置电路中的角色,其配置数据可以用三种方式载入目标器件中:主动方式 AS、被动方式 PS 和 JTAG 方式,配置 FPGA 方法如图 3-7-56 所示。

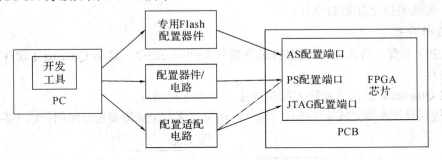

图 3-7-56 配置 FPGA 方法

AS 方式是由目标 FPGA 主动输出控制和同步信号(包括配置时钟)给 Altera 专用串行配置芯片(EPCS1、EPCS4 等),在配置芯片收到命令后,把配置数据发到 FPGA,完成配置过程。

PS 方式是由系统中的其他设备发起并控制配置过程,这些设备可以是 Altera 专用配置芯片(EPC 系列),或者是微处理器、CPLD 等智能设备。FPGA 在配置过程中完全处于被动地位,只是输出一些状态信号来配合配置过程。

JTAG 方式是 IEEE 1149.1 边界扫描测试的标准接口。从 FPGA 的 JTAG 接口进行配置可以使用 Altera 的下载电缆,通过开发工具下载,也可以采用微处理器来模拟 JTAG 时序进行配置。

六、技能实训

(一) 原理图法设计多位加法器

1. 实践目的

(1) 掌握多位串行进位加法器的设计思路。
(2) 进一步练习 QuartusⅡ软件平台的操作方法。
(3) 掌握模块符号的创建和调用方法。
(4) 初步学习试验箱资源的应用。
(5) 进一步掌握 FPGA 原理图的输入设计流程。

2. 设计要求

(1) 利用全加器和半加器设计一个两位二进制加法器电路。
(2) 完成设计的仿真。
(3) 完成设计的硬件验证。

3. 设计指导

1) 设计思路

一个全加器可以实现一位二进制数加法运算。多个全加器可以构成串行进位加法器，实现多位二进制数的运算。串行进位加法器的优点是电路结构比较简单，缺点是运算速度慢。

应用前面所学的元器件封装的操作方法，将一位全加器封装为一个元器件，再调用该元器件，实现多位全加器的设计。

2) 设计步骤

(1) 建立工程，首先在 F 盘根目录下建立文件夹 ex3-2，启动 QuartusⅡ软件，新建一个工程项目。

利用 QuartusⅡ提供的新建工程指南建立一个工程项目。

(2) 按照设计步骤完成原理图设计输入，两位二进制全加器参考电路图如图 3-7-57 所示。

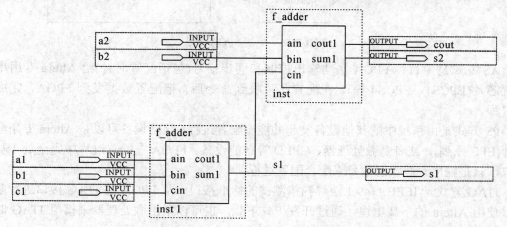

图 3-7-57 两位二进制全加器参考电路图

(3) 保存该文件，文件名为 two-all-adder.bdf。
(4) 编译、仿真(见图 3-7-58)，并下载到器件进行分析。

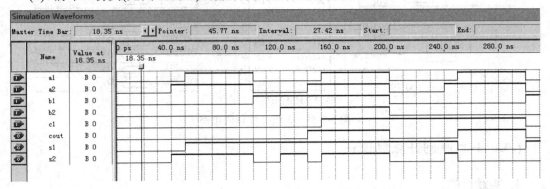

图 3-7-58　两位二进制全加器功能仿真波形图

3) 硬件环境

设计可以在 FPGA 开发装置上实现，选择和试验箱相对应的 FPGA 型号，两个两位的二进制加数由 4 个按键输入，相加结果用 3 个 LED 发光二极管显示(灯亮表示为"1")。

(二) 3 线-8 线译码器设计

1. 实践目的

(1) 掌握 3 线-8 线译码器的设计思路。
(2) 进一步练习 Quartus Ⅱ 软件平台的操作方法。
(3) 掌握模块符号的调用方法。
(4) 进一步掌握 FPGA 原理图输入设计流程。

2. 设计要求

在 Quartus Ⅱ 软件环境下设计并测试 3 线-8 线译码器逻辑电路。

3. 设计指导

1) 设计步骤

(1) 建立工程，首先在 F 盘根目录下建立文件夹 ex3-3，启动 Quartus Ⅱ 软件，新建一个工程项目。利用 Quartus Ⅱ 提供的新建工程指南建立一个工程项目。

(2) 按照任务二中的设计过程完成设计输入，新建 Block Diagram / Schematic File：结构图/原理图设计文件，扩展名为 .bdf。

(3) 保存该文件至 F:\ex3-3，该文件名为 decode3-8.bdf。

(4) 在数字电路中我们学过 3 线-8 线译码器 74138 的逻辑功能，在充分理解"译码"含义的基础上，创建如图 3-7-59 所示的逻辑图，进行编译、仿真，并下载到器件进行分析，设计并给出真值表。

2) 硬件实现

设计可以在 FPGA 开发装置上实现，选择和试验箱相对应的 FPGA 型号，a，b，c 由 3 个按键输入，译码结果用 8 个 LED 发光二极管显示(灯亮表示为"1")。

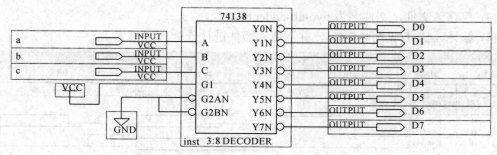

图 3-7-59　3 线-8 线译码电路

(三) 十二进制计数器设计

1. 实践目的

(1) 掌握十二进制计数器的设计思路。
(2) 进一步练习 QuartusⅡ软件平台的操作方法。
(3) 掌握模块符号的调用方法。
(4) 进一步掌握 FPGA 原理图输入设计流程。

2. 设计要求

在 QuartusⅡ软件环境下设计并测试计数器逻辑电路。

3. 设计指导

1) 设计步骤

(1) 建立工程，首先在 F 盘根目录下建立文件夹 ex3-4，启动 QuartusⅡ软件，新建一个工程项目。

利用 QuartusⅡ提供的新建工程指南建立一个工程项目。

(2) 完成设计输入，新建 Block Diagram / Schematic File：结构图/原理图设计文件，扩展名为.bdf。

(3) 保存该文件至 F:\ex3-4，该文件名为 count12.bdf。

(4) 在数字电路中我们学习了 4 位二进制计数器的逻辑电路，在充分理解"计数"含义的基础上，创建如图 3-7-60 所示的逻辑图，进行编译、仿真(仿真结果见图 3-7-61)，并下载到器件进行分析。

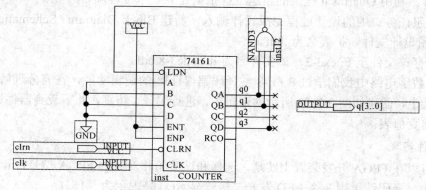

图 3-7-60　十二进制计数器逻辑连接

2) 硬件实现

设计可以在 FPGA 开发装置上实现，选择和试验箱相对应的 FPGA 型号，CLRN 可以接到复位信号端子上，时钟信号从实验箱相应的管脚通过分配管脚实现。计数结果可以接在带译码的数码显示管上。

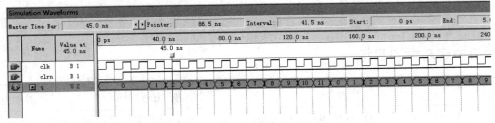

图 3-7-61　逻辑功能仿真波形

习　题

1. 对比 CPLD 和 FPGA 各有什么优缺点？
2. 简述 Quartus Ⅱ 软件的完整设计流程。
3. 根据全加器的原理图写出逻辑表达式。
4. 分析 3 线-8 线译码器的输入/输出逻辑关系并写出真值表。

项目八　可控计数器的设计

❖ **学习内容与学习目标**

项目名称	学　习　内　容	能　力　目　标	教学方法
可控计数器的设计	(1) 开发工具 Quartus Ⅱ 软件的应用； (2) 基于 VHDL 语言输入法的设计方法和流程； (3) 了解 VHDL 语言； (4) 管脚的配置； (5) 功能仿真和时序仿真； (6) 下载的硬件，功能实现	(1) 能根据项目实际情况选择资源合适的 FPGA/CPLD 器件； (2) 能运用 VHDL 语言输入法设计简单的任务； (3) 能应用 VHDL 语言编写简单的程序，完成简单任务的设计； (4) 会功能仿真和时序仿真	教学做一体化实操实训为主

❖ **项目描述**

本项目利用混合逻辑设计方法，设计一个可控计数器。
要求：
(1) 当模式控制信号 M = 0 时，为十二进制 BCD 计数器；当 M = 1 时，为二十四进制计数器。
(2) 计数器计数结果由两位 BCD 七段显示译码输出。

在本项目中，读者将继续巩固使用开发工具，学习使用 VHDL 硬件描述语言对可编程逻辑器件 CPLD/FPGA 进行开发，进而实现复杂数字电路的设计。

当项目设计比较复杂时，一般先将其划分为若干个子模块，然后利用硬件描述语言、原理图或波形图等对各个子模块分别设计，生成功能子模块，对各个子模块分别设计和调试，然后再合成一个完整的设计，最后用一个顶层原理图文件调用这些功能模块。

根据项目要求将该设计划分为如图 3-8-1 所示的四个模块，即十二进制 BCD 计数器模块、二十四进制 BCD 计数器模块、输出模式控制电路模块和 BCD 七段显示译码模块，分别对应四个任务来完成设计。

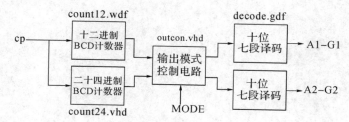

图 3-8-1　项目划分

确定模块名称和输入方式。十二进制 BCD 计数器模块名称为 count12，采用 VHDL 逻辑设计方法；二十四进制 BCD 计数器模块名称为 count24，采用 VHDL 逻辑设计方法；输出模式控制电路模块名称为 outcon，采用 VHDL 逻辑设计方法；BCD 七段显示译码模块名称为 decode，采用原理图设计方法。

确定项目设计结构。因在层次设计输入过程中软件会自动产生大量与分析和设计相关的文件，因此需要建立独立的项目(project)文件，即独立的文件夹，以便于管理和使用这些文件。建立的设计项目结构如图 3-8-2 所示。

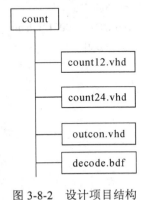

图 3-8-2　设计项目结构

任务一　底层模块 count12 的设计

一、任务要求

底层十二进制 BCD 计数器模块实际上可以采用硬件描述语言、电路原理图、波形图等多种逻辑设计方法，此处采用 VHDL 硬件描述语言设计方法。计数器对输入时钟 CP 进行十二进制计数，输出两位信号分别是 C1 个位、C2 十位。

二、任务实施

(1) 建立一个项目(project)文件，保存在独立的子文件夹 count\count12 中，项目名称为 count12.qcf(count12)。详细步骤此处不再赘述。

(2) 建立如下 VHDL 源文件 count12.vhd，其中 CP 为计数器输入时钟，C1 为计数器个位输出，C2 为计数器十位输出。

```
library ieee;
use  ieee.std_logic_1164.all;
use  ieee.std_logic_unsigned.all;
entity count12 is
    port(cp:in std_logic;
         C1, C2:out std_logic_vector(3 downto 0));
end count12;
```

```
architecture a of count12 is
signal QC1, QC2: std_logic_vector (3 downto 0);
begin
  process(CP)
  begin
    if(cp'event and cp = '1') then
      if(QC2 = "0000" and QC1 = "1001") then
        QC2 <= "0001"; QC1 <= "0000";
      elseif (QC2 = "0001" and QC1 = "0001") then
        QC2 <= "0000"; QC1 <= "0000";
      else
        QC1 <= QC1+1;
      end if;
    end if;
  C1 <= QC1;
  C2 <= QC2;
  end process;
end a;
```

编译通过后，建立如图 3-8-3 所示的波形文件 count12.wvf。图中，CP 为计数器输入时钟，C1[3..0]为十二进制计数器个位计数输出，C2[3..0]为十二进制计数器十位计数输出。

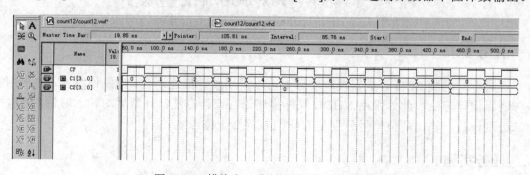

图 3-8-3　模块十二进制计数器仿真波形图

其中，C1[3..0]为 C13、C12、C11、C10 的组合信号，仿真结果如图 3-8-3 所示。
(3) VHDL 源文件的保存及基本错误检查。
(4) 逻辑功能仿真分析，仿真波形如图 3-8-3 所示。
(5) 建立逻辑符号 count12。

任务二　底层模块 count24 的设计

一、任务要求

底层二十四进制 BCD 计数器模块 count24 采用 VHDL 硬件描述语言逻辑设计方法。

二、任务实施

(1) 建立一个项目(project)文件，保存在独立的子文件夹 count\count24 中，项目名称为 count24.qcf (count24)。

(2) 建立如下 VHDL 源文件 count24.vhd，其中 CP 为计数器输入时钟，COUNT1 为计数器个位输出，COUNT2 为计数器十位输出。

```
library ieee;
use    ieee.std_logic_1164.all;
use    ieee.std_logic_unsigned.all;
entity count24 is
    port(cp:in std_logic;
            COUNT1, COUNT2: out std_logic_vector(3 downto 0));
end count24;
architecture a of count24 is
signal QC1, QC2:std_logic_vector (3 downto 0);
begin
    process(CP)
      begin
        if(cp'event and cp = '1') then
         if(QC2 = "0000" and QC1 = "1001") then
           QC2 <= "0001";
           QC1 <= "0000";
         elseif(QC2 = "0001" and QC1 = "1001") then
           QC2 <= "0010";
           QC1 <= "0000";
         elseif(QC2 = "0010" and QC1 = "0011") then
           QC2 <= "0000";
           QC1 <= "0000";
         else
           QC1 <= QC1+1;
         end if;
        end if;
      COUNT1 <= QC1;
      COUNT2 <= QC2;
    end process;
  end a;
```

(3) VHDL 源文件的保存及基本错误检查。

(4) 逻辑功能仿真分析。仿真波形如图 3-8-4 所示。

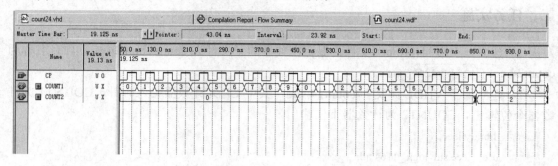

图 3-8-4　模块二十四进制计数器仿真波形

(5) 建立逻辑符号 count24。

任务三　底层模块 decode 的设计

一、任务要求

底层 BCD 七段显示译码器模块电路采用电路原理图逻辑设计方法,把计数器输出的四位数字信号译码成七位二进制数输出。

二、任务实施

(1) 建立一个项目(project)文件,保存在独立的子文件夹 count\decode 中,项目名称为 decode.qcf(decode)。

(2) 建立如图 3-8-5 所示的图形文件 decode.bdf,其中 D[3..0]为显示数据输入,A、B、C、B、E、F 和 G 为七段显示译码输出。注意,图中输入"D[3..0]"为总线结构,它与 D0、D1、D2、D3 没有物理上的连接,但实际上是相连的。

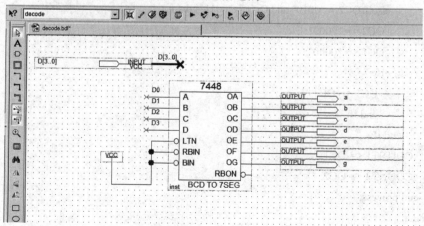

图 3-8-5　模块 decode 电路图

(3) 电路原理图文件的保存和基本错误检查。
(4) 逻辑功能仿真分析。仿真波形如图 3-8-6 所示。

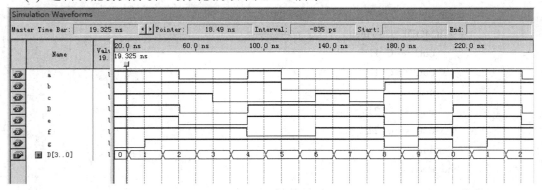

图 3-8-6　模块 decode 逻辑功能仿真波形

(5) 建立逻辑符号 decode。

任务四　底层模块 outcon 的设计

一、任务要求

底层输出模式控制模块采用 VHDL 硬件描述语言逻辑设计方法。要求实现当 MODE=0 时，为十二进制 BCD 计数器输出；当 MODE=1 时，为二十四进制 BCD 计数器输出。

二、任务实施

(1) 建立一个项目(project)文件，保存在独立的子文件夹 count\outcon 中，项目名称为 outcon.qcf(outcon)。

(2) 建立如下 VHDL 源文件 outcon.vhd。其中 C_11 和 C_12 为由十二进制 BCD 计数器输入的信号；C_21 和 C_22 为由二十四进制 BCD 计数器输入的信号；out1 和 out2 为输出信号；MODE 为输出模式控制信号，当 MODE = 0 时，out1 和 out2 同为 C_11 和 C_12 输入；当 MODE = 1 时，out1 和 out2 同为 C_21 和 C_22 输入，即实现当 MODE = 0 时，为十二进制 BCD 计数器；当 MODE = 1 时，为二十四进制 BCD 计数器。

```
library ieee;
use    ieee.std_logic_1164.all;
entity outcon is
    port(MODE: in std_logic;
          C_11, C_12, C_21, C_22: in std_logic_vector(3 downto 0);
          out1, out2:out std_logic_vector(3 downto 0));
end outcon;
architecture a of outcon is
```

begin
　　process(MODE, C_11, C_12, C_21, C_22)
　　　begin
　　　　if(MODE = '0') then
　　　　　out1 <= C_11;
　　　　　out2 <= C_12;
　　　　else
　　　　　out1 <= C_21;
　　　　　out2 <= C_22;
　　　　end if;
　　　end process;
　end a;

(3) VHDL 源文件的保存及基本错误检查。
(4) 逻辑功能仿真分析。仿真波形如图 3-8-7 所示。
(5) 建立逻辑符号 outcon。

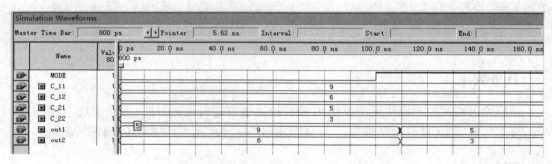

图 3-8-7　模块 outcon 逻辑功能仿真波形

任务五　顶层模块 count 的设计

一、任务要求

顶层模块 count 的设计就是根据图 3-8-1 设计项目的划分及已设计生成的逻辑模块符号，利用电路原理图的设计方法将各个模块逻辑符号合为一个整体。

二、任务实施

(1) 建立一个项目(project)文件，保存在文件夹 count 中，项目名称为 count.qcf（ count）。

(2) 建立如图 3-8-8 所示的图形文件 count.Bdf。其中 count12 为十二进制 BCD 计数器模块；count24 为二十四进制 BCD 计数器模块；decode 为 BCD 七段显示译码模块；outcon 为输出模式控制模块。

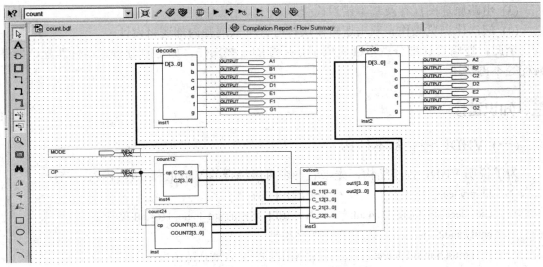

图 3-8-8　顶层模块 count 电路原理图

特别需要说明的是，若模块符号 count12、count24、decode、outcon 文件分别存放在不同的子目录下，则在当前目录下调用，必须通过加载才能在本电路原理图中调用，否则，在编译时系统会提示错误信息，设计不能正常进行。加载用户库模块方法是：根据不同的逻辑设计输入方式，复制相关子模块文件。

此例打开 Windows 资源管理器，然后进行如下文件复制操作：

① 将路径 count\count12 下的 count12 文件拷贝到 count 路径下。
② 将路径 count\count24 下的 count24 文件拷贝到 count 路径下。
③ 将路径 count\decode 下的 decode 文件拷贝到 count 路径下。
④ 将路径 count\outcon 下的 outcon 文件拷贝到 count 路径下。

上述操作完毕，在 count 空白原理图窗口执行"Symbol / Enter Symbol"子命令，或在 Graphic Editor 窗口的空白处双击鼠标左键，打开如图 3-8-9 所示的 Symbol 对话框。可以看到，要调用的四个模块出现在 Libraries / Project 列表中。

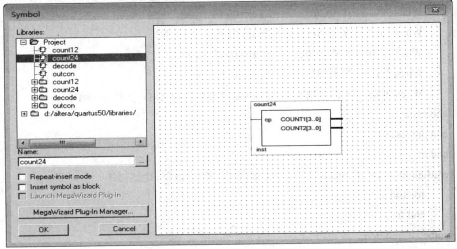

图 3-8-9　Symbol 对话框

(3) 电路原理图保存及基本错误检查。

(4) 层次化浏览操作。双击逻辑模块符号，可以展开内部逻辑设计。

至此，逻辑设计部分就全部完成了。后续的一些操作，如定时分析、器件匹配、器件编程等不再赘述。

三、知识链接

(一) VHDL 语言基本结构

为了说明 VHDL 程序结构，先来看一个可以综合的 VHDL 实例(两输入与门)。

```
library ieee;                           //调用 IEEE 库
use  ieee.std_logic_1164.all;           //调用 IEEE 库中的 std_logic_1164.all 程序包
entity and2  is                         //实体说明
    port(a,b:in std_logic;              //输入端口说明，注意行尾有 ";"
         y:out std_logic;               //输出端口说明
end and2;                  //
architecture a of and2 is               //结构体1：数据流描述方式
begin
    y <= a and b;                       //信号赋值语句
    end a;
architecture b of and2 is               //结构体2：行为描述方式
begin
    P1:process(a,b)                     //进程(敏感表)
      variable comb: std_logic_vector(1 downto 0);  //变量定义
begin
    comb:=a&b;                          //变量赋值(此处用连接运算符将 a 和 b 连接成一个两位矢量)
    case comb is                        // case_when 多项选择语句
        When "00" => Y <= '0';          //当 ab=00 时，y=0
        When "01" => Y <= '0';          //当 ab=01 时，y=0
        When  "10" => Y <= '0';         //当 ab=10 时，y=0
        When "11" => Y <= '1';          //当 ab=11 时，y=1
        When others => Y <= 'X';        //当 ab 取值为其他情况时，y 的值不确定
    end case;
end process p1;
end b;
configuration pz of and2 is             //配置语句，指明用哪一个结构体
    for and a
    end for;
end configuration;
```

从这段程序可以看出，一个完整的 VHDL 程序一般应包含以下几个部分：

(1) 库(Library)、程序包(Package)使用说明：用于打开(调用)本设计实体将要用到的库以及程序包。

(2) 实体(Entity)：用于描述该设计实体与外界的接口信号。

(3) 结构体(Architecture)：用于描述该设计实体内部的逻辑关系。在一个实体中，可以有一个或一个以上的结构体，而在每一个结构体中又可以含有一个或多个进程以及其他的语句。

(4) 配置(Configuration)说明：当一个实体具有多个结构体时，可以用配置说明语句为实体选定某个特定的结构体。当实体只有一个结构体时，程序中是不需要配置说明的。需要说明的是，配置说明主要用于为顶层设计实体指定结构体。

所以，可以这样说，一个完整的 VHDL 程序至少应包括三个基本组成部分：库及程序包使用说明、实体说明、实体对应的结构体说明。读者有时也可能会看到一个程序中没有库和程序包调用说明语句，这是因为它们是以隐含的形式被调用了，这种情况存在，但并不是很多。

注意："//"、"--" 后为注释语句，不参与综合和编译。

1. 实体

任何一个基本设计单元的实体说明都具有如下结构：

Entity 　实体名　 IS
　　　[类属参数说明];
　　　[端口说明];
End　　[Entity]　　[实体名];

一个基本设计单元的实体说明以"Entity 实体名 IS"开始，至"End 实体名"结束，主要包括类属说明和端口说明。

1) 类属参数说明

类属参数说明必须放在端口说明之前，用于指定参数，用来确定设计实体中定义的局部常数，在模块化设计中常用于不同层次模块间信息的传递。

类属说明一般格式为

　　Generic 　(常数名{，常数名}：数据类型[：设定值]
　　　{；常数名{，常数名}: 数据类型[：设定值]});

类属说明以关键词 Generic 引导一个类属参数表，其中常数名是由设计者确定的类属常数名称，数据类型通常取 Integer 或 Time 等类型，设定值为常数名的默认值。

2) 端口说明

端口说明是对基本设计实体(单元)与外部接口的描述，也可以说是对外部引脚信号的名称、数据类型和输入、输出方向的描述。其一般书写格式如下：

　　Port(端口名{，端口名}: 端口方向　数据类型；
　　　……
　　　端口名{，端口名}：端口方向　数据类型);

端口名是赋予每个外部引脚的名称，通常用一个或几个英文字母，或者用英文字母加数字命名。端口方向用来定义外部引脚的信号方向，其中 IN 说明信号子端口输入到结构体，而结构体内部的信号不能从该端口输出；OUT 说明信号将从结构体内经端口输出，而不能通过该端口向结构体输入信号；INOUT 说明该端口是双向的，可以输入也可输出；BUFFER 说明该端口可以输出信号，且在结构体内部也可以利用该输出信号；注意：OUT 允许对应多个信号，而 BUFFER 只允许对应一个信号。

LINKAGER 说明该端口无指定方向，可以与任何方向的信号相连接。

2. 结构体

结构体是一个基本设计单元的实体，它具体地指明了该基本设计单元的行为、元件及内部的连接关系，即它定义了设计单元具体的功能，确定设计实体输出与输入之间的逻辑关系。一个设计实体可有一个或多个结构体，每个结构体对应着一种设计方案的描述。但对于有多个结构体的实体，必须用 Configuration 配置语句，选择用于综合的结构体和用于仿真的结构体。综合后的可映射到硬件电路的设计实体，只对应所选择的这个结构体。

由于结构体是对实体功能的具体描述，因此它一定要跟在实体的后面。通常，先编译实体之后才能对结构体进行编译。如果实体需要重新编译，那么相应结构体也应重新进行编译。

一个结构体的具体结构描述如下：

  Architecture 结构体名 Of 实体名 Is
    [说明语句]
  Begin
    [并行处理语句]；
  End [Architecture] [结构体名]；

一个结构体从"Architecture 结构体名 Of 实体名 Is"开始，至"End 结构体名"结束。结构体的名称是对本结构体的命名，它是该结构体的唯一名称。

1) 说明语句

结构体中的说明语句，是对结构体的并行功能描述语句中，将要用到的信号(Signal)、类型(Type)、常数(Constant)、元件(Component)、函数(Function)和过程(Procedure)等加以说明和定义，而且这些定义只能用于本结构体中，不能直接用于别的结构体，如果要用于其他结构体中，则需要当做程序包处理。

2) 并行处理语句

并行处理语句有五种不同类型的语句结构，但它们都是以并行方式工作的。这五种语句结构分别为块语句、进程语句、信号赋值语句、子程序调用语句和元件例化语句。对结构体的描述可采用不同方式，通过结构体的名称可以知道属于哪种描述，通常把结构体的名称命名为 Behavioral(行为)、Dataflow(数据流)或者 Structural(结构)。这三个名称实际上是三种结构体描述方式的名称。当设计者采用某一种描述方式来描述结构体时，该结构体的结构名称就命名为那一名称，便于阅读。

3. 配置

配置语句在功能上用来描述设计过程中不同层次之间的连接关系以及实体与结构体之间的连接关系。也就是说，在设计过程中，利于配置从多个结构体中选择不同的结构体与设计的实体相对应，再通过比较多次的仿真结果，选出性能最佳的结构体。

配置语句的基本格式如下：
  Configuration 配置名 Of 实体名 Is
    [说明语句]；
  End 配置名；
根据不同的配置类型，说明语句有简有繁，其中常用的最简单默认配置格式结构如下：
  Configuration 配置名 Of 实体名 Is
  For 选配构造体名
  End For
  End 配置名；
这种配置用于选择不包含块(Block)和元件(Components)的结构体。在配置语句中只包含有实体所选配的结构体名。

4. 程序包和库

设计过程中，在一个实体和结构体中定义的常数、数据类型、元件说明、子程序等，只能在定义的设计实体和结构体中使用，而不能用于其他设计实体。为了使已定义过的常数、数据类型、元件说明、子程序等能够被其他更多的设计实体使用，可以把它们做成一个 VHDL 程序包共享。如果把多个程序包合并起来放入一个 VHDL 库中，就可以使它更适用于一般的访问和调用，因此程序包和库是一个层次结构的关系。

1) 程序包

定义程序包的语句格式为
  Package 程序包名 Is
    [说明语句]；
  End 程序包名；
  Package Body 程序包名 Is
    [说明语句]
  End 程序包名；

一个程序包由两大部分组成：一部分是从"Package 程序包 Is"开始，至第一个"End 程序包"结束，这部分称为程序包标题(Header)；另一部分从"Package Body 程序包名 Is"开始，至第二个"End 程序包"结束，这部分称为程序包体。但有时程序包体是省略的，因此程序包可以只由程序包标题构成。

2) 库

库的作用与程序包类似，只是级别高于程序包，它用来存放编译过的程序包定义、实体定义、结构体定义和配置定义。在 VHDL 语言中，库的说明总是放在设计单元的最前面，它可以用 library 语句打开，其格式为
  Library 库名；
利用这条语句可以在其后的设计实体打开以各库名命名的库，使用其中的程序包。当前在 VHDL 语言中存在的库大致可以分为五种：IEEE 库、Std 库、ASIC 矢量库、用户定义的库和 Work 库。其中 Std 库和 Work 库为预定义库，其余为资源库。可以不必用 Library 语句打开预定义库，它们是自动打开的，而资源库的打开必须用 Library 语句。

打开库后,要用 Use 语句来打开库中的程序包,其格式有如下两种:
  Use 库名. 程序包名项目名;
  Use 库名. 程序包.ALL;

第一种语句格式是开放指定库中的特定程序包内所选的项目;第二种语句格式是开放指定库中特定程序包的所有内容。

应当注意,Library 语句与 Use 语句的作用范围是紧跟其后的实体及其结构体。若一个程序中有一个以上的实体,则应在每个实体的前面分别加上 Library 语句和 Use 语句,说明对应的实体及其结构体需要使用的库和程序包。

(二) VHDL 语言基本元素和基本描述语句

VHDL 语言像其他高级语言一样,在描述语句中也有标识符语法规则、数据对象、数据类型、属性、表达式和运算符等一些规定。

1. 标识符

在基本标识符中,规定必须以英文字母开头,其他字符可以用英文字母($a \sim z$,$A \sim Z$)、数字($0 \sim 9$)以及下划线(_);字母不区分大小写;不能以下画线结尾,更不能出现连续的两个和两个以上的下划线,避免使用 VHDL 的保留字。

扩展标识符在标识符上用反斜杠分隔,同时取消基本标志规则中的限制,可以任意使用字符、图形符号、空格、保留字等,也可以用数字开头,连续出现两个或两个以上的下划线,但扩展标识符要区分大小写;即使基本标识符和扩展标识符同名,也不表示同一名称。

2. 数据对象

在 VHDL 语言中,凡是可以赋予一个值的对象就称为客体。在客体中主要包括以下三种:信号(Signal)、常数(Constant)、变量(Variable)。虽然文件也是对象,可是它不可以通过复制来更新文件内容,只能作为参数向子程序传递,通过子程序对文件进行读和写操作。这些对象在使用前,应加以说明。

对象说明格式为

  对象类别 标识符表:类型标志[:= 初值];

例如:

  Signal Ground: Bit := '0';
  Constant Daly: Time: =100NS;
  Variable Count: Integer Range 0 To 255 := 10;

作为硬件描述语言元素,变量和信号相似,但通常只代表暂存某些值的载体。

3. 数据类型

VHDL 在对数据对象进行定义时,都要指定数据类型,因此,VHDL 提供了多种标准的数据类型,并且允许用户自定义数据类型。

1) VHDL 的预定义数据类型

预定义数据类型是用户不必通过 Use 语句作说明而可以直接使用的,它们在标准程序包 Standard 中定义。10 种标准的预定义数据类型如下：

整数(Integer)、实数(Real)、位(Bit)、位矢量(Bit_Vector)、布尔量(Boolean)、字符(Character)、时间、错误等级、自然数、字符串(String)。

除了上面介绍的 10 种预定义标准数据类型外，在 IEEE 库的程序包 STD_LOGIC_1164 中预定义的两个数据类型 STD_LOGIC(标准逻辑位，Bit 类型的扩展)、STD_LOGIC_VECTOR(标准逻辑矢量，Bit_Vector 类型的扩展)也很常用。这两种类型有 9 种可能的取值，分别为：'U'(未定义)、'X'(不定)、'0'(置 0)、'1'(置 1)、'Z'(高阻态)、'W'(弱信号不定)、'L'(弱信号 0)、'H'(弱信号 1)和 '—'(不可能情况)，这使设计者可更精确地模拟一些未知和高阻态的线路情况。在程序中使用这两个数据类型之前，必须使用 LIBRARY 和 USE 语句加以说明，例如：LIBRARY IEEE; USE IEEE.STD_LOGIC_1164.ALL。

2) 用户自定义的数据类型

在 VHDL 语言中，通常用户用类型说明语句 Type 和子类型说明语句 Subtype 进行说明。类型说明的格式为

  Type 数据类型名 {，数据类型名} Is 数据类型定义

用户自定义的数据类型有枚举类型、整数类型、数组类型、记录类型、时间类型和实数类型等。

例如：

  Type Week Is (Sun, Mon, Tue, Wed, Thu, Fn, Sat); ——枚举类型
  Type Digit Is Integer Range 0 To 9; ——整数类型
  Type Count Is Real Range-le4 To le4; ——实数类型
  Type Word Is Array (31Down to 0) Of Std_ Logic; ——数组类型

用户自定义的子类型是用户对已定义的数据类型做一些范围限制而形成的一种新的数据类型。子类型定义的一般格式为

  Subtype 子类型名 Is 数据类型名 Range 约束范围；

例如：

  Subtype Counts Is Integer Range 0 To 9；

4. VHDL 语言的运算操作符

VHDL 语言中的操作符大致可以分为逻辑运算、关系运算、算术运算和其他运算符四类。

对于 VHDL 语言中的运算符和操作数需注意：在基本操作符间，操作数要具有相同的操作类型；操作数的数据类型必须与操作符所要求的数据类型完全一致。

5. VHDL 语言主要描述语句

VHDL 语言的主要描述语句有两类：顺序语句和并行语句。顺序语句是指程序按照语句的书写顺序执行；并行语句是指程序只执行被激活的语句，对所有被激活语句的执行也不受书写顺序的影响。但有时并行语句中又有顺序语句。

1) 顺序语句

与一般高级语言中一样，顺序语句是按出现的次序加以执行的，但在 VHDL 语言中，

顺序语句只能出现在进程或子程序中。顺序语句可以进行算数、逻辑运算，信号和变量的赋值，子程序的调用，可以进行条件控制和迭代。

VHDL 顺序语句主要包括变量赋值语句、信号赋值语句、If 语句、Case 语句、Loop 语句、Next 语句、Null 语句、Walt 语句、Return 语句和过程调用语句。

其中，空(Null)语句表示只占位置的一种空处理操作，但是它可以用来为所对应信号赋一个空值，表示关闭或停止。

(1) 变量赋值语句与信号赋值语句。

变量赋值语句的语句格式为

  变量名 := 赋值表达式;

例如：

  out1 := 3;

  out2 := 3.0;

注意：符号左、右两边的类型必须相同，且右边的表达式可以是变量、信号和字符。

信号赋值语句的语句格式为

  信号名 <= 信号量表达式;

例如：

  a <= b;

  c<q NOR (a AND b);

要求"<="两边的信号变量的类型和位长度应该一致。

(2) If 语句。

If 语句是一种条件选择语句，根据语句中所设的一种或多种条件，有选择地执行指定的顺序语句。If 语句的格式为

  If 条件 Then

   顺序语句

  [Else if 条件 Then

   顺序语句];

  [Else

   顺序语句];

  End If;

(3) Case 语句。

Case 语句是以一个多值表达式为条件，根据满足的条件直接选择多路分支中的一路分支，故常用来描述总线、编码、译码、等行为。Case 语句的格式为

  Case 表达式 Is

   [When 条件表达式 <= 顺序语句];

   [When Others => 顺序语句];

  End Case;

条件表达式的值可以是一个值，或者是多个值的"或"关系，或者是一个取值范围，或者表示其他所有的默认值。关键词"Others"表示已给的所有条件语句中未能列出的其他可能的取值，使用时 Others 只能出现一次，且只能作为最后一种条件取值。

(4) Loop 语句、Next 语句和 Exit 语句。Loop 语句的主要功能是使一组顺序语句被循环执行，因此它是一种循环语句，其格式为

  [标号：] Loop
   顺序语句
  End Loop [标号];

Loop 语句是描述循环语句的，而 Next 语句和 Exit 语句用于 Loop 内部，用来控制循环跳转的方向。

Next 语句的功能是有条件或无条件地中止当前的循环，进入下一轮的循环。

Next 语句的格式为

  Next [循环标号] [When 条件];

当 Next 语句后不跟[标号]，Next 语句作用于当前量内层循环，否则转到指定的循环中。

Exit 语句也是用于 Loop 语句内部，与 Next 语句不同的是，Exit 语句结束 Loop 语句，而 Next 语句是结束本次循环，开始下一次的循环。

Exit 语句的格式为

  Exit [循环标号] [When 条件];

当 Exit 语句不含标点符号和条件时，表明无条件结束 Loop 语句的执行。

2) 并行语句

并行语句是 VHDL 硬件描述语言特色的体现，用来直接构成结构体，使结构体具有层次性，简单易读。

主要的并行语句有进程语句、并行信号代入语句、条件信号代入语句、选择信号代入语句、并行过程调用语句、块语句、并行断言语句、生成语句和元件例化语句。

其中，进程语句在并行语句中是最关键的语句，因此下面主要介绍进程语句。

进程(PROCESS)语句是个并行处理语句，在一个结构体中多个 PROCESS 语句可以同时并行运行，因此，PROCESS 语句是 VHDL 语句中描述硬件系统并行行为的最基本的语句。进程语句的格式为

  [进程标号：] PROCESS [(敏感信号表)] [IS]
   [说明语句；]
  BEGIN
   顺序语句；
  END PROCESS [进程标号];

进程语句虽然是一个并行语句，但在进程内部却是顺序执行的。只有当敏感信号表中的信号发生变化时，进程才被激活，顺序执行进程内部语句。

例如：

  PROCESS (sub, A, B)
  BEGIN
   IF sub = '0' THEN
    Y <= A+B;
   ELSE
    Y <= A-B;

END PROCESS;

当敏感信号表中的 sub、A、B 其中有一个信号发生变化时，此进程就会被激活，开始从 BEGIN 语句执行 IF 语句。当 sub 等于 0 时，就执行 Y<=A+B；否则执行 Y<=A－B。执行完最后一条语句后，将返回进程的第一条语句，以等待下一次敏感信号的变化。

四、知识小结

1. 认识可编程逻辑器件

可编程逻辑器件(PLD)按结构复杂程度不同可分为 SPLD、CPLD 和 FPGA 等器件。简单可编程逻辑器件(SPLD)是可编程逻辑器件的早期产品，包括 PROM、PAL、PLA 和 GAL 等。复杂可编程逻辑器件包括 CPLD 和 FPGA。

2. 了解 CPLD/FPGA 的结构

CPLD 一般都是基于乘积项结构的，其结构相对比较简单，主要由可编程 I/O 单元、基本逻辑单元、布线池和其他辅助功能模块构成。它采用 FLASH 工艺制造，可反复编程，上电即可工作，无需其他芯片配合。

FPGA 芯片主要由六部分组成：可编程输入/输出单元、基本可编程逻辑单元、完整的时钟管理、嵌入块式 RAM、丰富的布线资源、内嵌的底层功能单元和专用硬件模块。其采用 RAM 工艺，具有掉电易失性，因此，需要在 FPGA 外加专用数据存储芯片，系统每次上电自动将数据配置到 FPGA 的 RAM 中。

3. 了解各种硬件描述语言

硬件描述语言主要包括 VHDL 和 Verilog。

4. 应用 Quartus Ⅱ 实现基本开发环境及应用，掌握基本开发流程

Quartus Ⅱ 是 Altera 公司推出的第四代开发软件，适合于大规模逻辑电路的设计，本章通过一个实例详细阐述了 Quartus Ⅱ 开发环境及应用，给出了基本开发流程。应用步骤包括项目模块的设计、编译与时序仿真、管脚配置、Pof 文件和 Sof 文件的生成及下载等。

习　　题

1. 简述可编程逻辑器件的发展。
2. 简述 FPGA 芯片的结构。
3. 简述 FPGA 的一般设计流程。
4. 浏览 Altera、Xilinx、Lattice、Actel 公司的网站，了解可编程逻辑器件的相关信息。
5. 填空题

(1) Quartus Ⅱ 是_____公司的 EDA 设计工具，由该公司早先开发的 MAX+PLUS Ⅱ 升级而来。

(2) 可编程逻辑器件从集成密度上分类，可分为_____和_____。

(3) 可编程逻辑器件从结构上分为_____和_____，简单可编程逻辑器件属于_____结构器件。

(4) HDL 的中文意思是_____。
(5) 写出下列英文单词的中文意思。

PROM	PLA
EPLD	CPLD
FPGA	VHDL
LUT	EDA
project	device
pin	family
input	output
compilation	synthesis
analysis	fitter
assembler	waveform
node	simulator
functional	timing
assignment	wizard

附录 A 常用的元件及封装

常用电子元件在 Protel DXP、Multisim 中的名称及其封装有所不同，但总体差别不大，本附录仅给出了一些常用的元件及封装，其他更多元件请采用查找方式或查阅更详细的软件手册。

电子元件	Protel DXP 中的元件		Multisim 中的元件	
	元件名称	封装名称	元件名称	封装名称
	Miscellaneous Devices.SchLib			
天线	Antenna	PIN1	Antenna	
电池	Battery	BAT-2	Battery	
铃	Bell	PIN2		
蜂鸣器	Buzzer	PIN2	Buzzer	CONN-SIL2
非极性电容	Cap	RAD-0.1～RAD-0.5	CAP	CAP10
极性电容	Cap Pol1～3	CAPPR2-5X6.8	CAP-ELEC	ELEC-RAD10
二极管	Diode	DIODE-0.4/	1N4XXX	DO41
共阳七段数码管	Dpy Red-CA	LEDDIP-10 / C5.08	7SEG-MPX1-CA	
共阴七段数码管	Dpy Red-CC	LEDDIP-10 / C5.08	7SEG-MPX1-CA	
保险管	Fuse 1	PIN-W2 / E2.8	FUSE	
跳线	Jumper	PIN2	Jumper	CONN-SIL2
灯	Lamp	PIN2	LAMP	
发光二极管	LED0～3	LED-0\LED-1	LED	
话筒头	Mic1	PIN2		
直流电机	Motor	RB5-10.5	MOTOR	
伺服电机	Motor Servo	RAD-0.4	Motor-Servo	
步进电机	Motor Step	SIP-6	Motor-Stepper	
NPN 三极管	NPN	BCY-W3	NPN	TO92
PNP 三极管	PNP	BCY-W3	PNP	TO92
电位器	RPOT	VR2～5	POT	
电阻	Res1～3	AXIAL-0.3～0.9	RES	RES40

续表

电子元件	Protel DXP 中的元件		Multisim 中的元件	
	元件名称	封装名称	元件名称	封装名称
可控硅	SCR	SFM-T3 / E10.7V	SCR	TO92
喇叭	Speaker	PIN2	Speaker	CONN-SIL2
多位开关	SW DIP-2～9	DIP-4～18	SW-DIP4 / 7 / 8	DILXX
一位开关	SW-PB	SPST-2	BUTTON	
变压器	Trans	TRF_4～5	TRANS2P2S	
晶振	XTAL	BCY-W2 / D3.1	CRYSTAL	XTAL18
	MiscellaneousConnectors.SchLib			
单排接插件	Header 2～30	HDR1X2～30	CONN-SIL1～18	CONN-SIL1～18
双排接插件	Header 2～30X2	HDR2X2～30	CONN-DIL10～20	CONN-DIL10～20
同轴电缆连接器	BNC	PIN1	PIN	PIN
9针串口母座			CONN-D9F	D-09-F-R
9针串口公座			CONN-D9M	D-09-M-R
	TI Logic ***.Intlib			
74系列芯片	74LSXX	DIP-XX	74LSXX	DILXX
	Motorola Amplifier operational Amplifier.Intlib			
运放	LM324\LM358	DIP-XX	LM324 / LM358	DILXX
	NSC Power Mgt Voltage Regulator			
电源芯片系列	LM78XX / 79XX	TO-220	LM7805 / 7905	P1
	TI Analog Timer Circut.Intlib			
555	LM555	DIP-8		
			24C02	DIL8
			ADC0809	DIL28
			DAC0832	DIL20

附录 B　计算机辅助设计绘图员国家职业标准

一、电子类中级鉴定标准

(一) 知识要求

(1) 掌握微机系统的基本组成及操作系统的一般使用知识;
(2) 掌握基本电子电路及印制电路板的基本知识;
(3) 掌握基本原理图、PCB 图的生成及绘制的基本方法和知识;
(4) 掌握复杂原理图、PCB 图(如层次电路、单面板)的生成及绘制的方法和知识;
(5) 掌握图形的输出及相关设备的使用方法和知识。

(二) 技能要求

(1) 具有基本的操作系统使用能力;
(2) 具有基本原理图、PCB 图的生成及绘制的能力;
(3) 具有复杂原理图、PCB 图(如层次电路、单面板)的生成及绘制的能力;
(4) 具有图形的输出及相关设备的使用能力。

(三) 实际能力要求

能够使用电路的计算机辅助设计与绘图软件(Protel 99)及相关设备以交互方式独立、熟练地绘制电路原理图,并用原理图生成 PCB 图。

(四) 鉴定内容

1. 文件操作

调用已存在图形文件;将当前图形存盘;用绘图仪或打印机输出图形。

2. 原理图、PCB 图的生成及绘制

1) 电路原理图设计及绘制

(1) 原理图的生成:装载元件库、放置元器件、编辑元件、位置调整、放置电源与接地元件、线路连接、生成网络表。

(2) 绘图工具及元件库编辑器的使用:编辑线、圆弧、圆、矩形、毕兹曲线等,会使用删除、恢复、剪切、复制、粘贴、阵列式粘贴等,掌握元件库的管理、元件绘图工具的使用及新的原理图元件的创建。

2) PCB 图的设计与绘制

(1) 制作印制电路板:设置电路板工作层面、设置 PCB 电路参数、规划电路板、元件自动布局、元件手动布局、自动布线、手工调整;

(2) PCB 绘图工具及元件封装编辑器的使用:导线、焊盘、过孔、字符串、坐标、尺寸标注、圆弧和圆、填充、多边形等,元件封装管理、创建新的元件封装。

二、电子类高级鉴定内容(试行)

(一) 知识要求

(1) 掌握微机系统的基本组成及操作系统的一般使用知识;
(2) 掌握基本电子电路及印制电路板的基本知识;
(3) 掌握复杂原理图、PCB 图(如层次电路、单面板)的生成及绘制的方法和知识;
(4) 掌握原理图元件库的管理以及元件的新建及调用;
(5) 掌握 PCB 元件库的管理及管脚封装的制作及调用;
(6) 掌握图形的输出及相关设备的使用方法和知识。

(二) 技能要求

(1) 具有熟练的操作系统使用能力;
(2) 具有复杂原理图、PCB 图(如层次电路、单面板)的生成及绘制的能力;
(3) 具备原理图元件库的管理以及元件的新建及调用的能力;
(4) 具备 PCB 元件库的管理及管脚封装的制作及调用的能力;
(5) 具有图形的输出及相关设备的使用能力。

(三) 实际能力要求

能够使用电路的计算机辅助设计与绘图软件(Protel 99 SE)及相关设备以交互方式独立、熟练地绘制电路原理图,并用原理图生成 PCB 图。

(四) 鉴定内容

1. 文件操作

(1) 调用已存在的图形文件;
(2) 将当前图形存盘;
(3) 用绘图仪或打印机输出图形。

2. 原理图、PCB 图的生成及绘制

1) 电路原理图设计及绘制

(1) 原理图的生成:装载元件库、放置元器件、编辑元件、位置调整、放置电源与接地元件、线路连接、生成网络表。

(2) 绘图工具及元件库编辑器的使用:编辑线、圆弧、圆、矩形、毕兹曲线等,会使用删除、恢复、剪切、复制、粘贴、阵列式粘贴等,掌握元件库的管理、元件绘图工具的使用及新的原理图元件的创建。

(3) 层次电路的设计及自制元件的调用:自顶向下的设计、自底向上的设计、自制原理图的调用。

(4) 国标模板的使用及图纸模板文件的创建与使用。

2) PCB 图的设计与绘制

(1) 制作印制电路板:设置电路板工作层面、设置 PCB 电路参数、规划电路板、元件自动布局、元件手动布局、自动布线、手工调整。

(2) PCB 绘图工具及元件封装编辑器的使用:导线、焊盘、过孔、字符串、坐标、尺寸标注、圆弧和圆、填充、多边形等,元件封装管理、新的元件封装的创建。

参 考 文 献

[1] 朱运利. EDA 技术应用. 北京：电子工业出版社，2007.
[2] 张永生. 电子设计自动化. 北京：中国电力出版社，2011.
[3] 张智慧，辛显荣. CPLD/FPGA 应用项目教程，北京：机械工业出版社，高等教育出版社，2015.
[4] 龚江涛，唐亚平. EDA 技术应用. 北京：高等教育出版社，2015.
[5] 陈必群. 电子产品印制电路板设计与制作. 大连：大连理工大学出版社，2014.
[6] 郑步生，吴畏. Multisim 电路设计及仿真入门与应用. 北京：电子工业出版社，2002.
[7] 江国强. EDA 技术与应用. 北京：电子工业出版社，2010.
[8] 孙家存. 电子设计自动化. 西安：西安电子科技大学出版社，2008.
[9] 朱彩莲. Multisim 电子电路仿真教程. 西安：西安电子科技大学出版社，2007.
[10] 李俊婷. 计算机辅助电路设计与 Protel DXP. 北京：高等教育出版社，2010.